KB196090

완벽한 부모가
아이를 망친다

THE ZELO CLASS

완벽한 부모가

부모가 깨어나는 시간, 0교시 부모영역

아이를 망친다

김성곤 지음

글의온도

추천의 글

프로기사로 40년 가까이 국제대회를 치르며 얻은 깨달음이 하나 있습니다. 바둑에서 승리의 핵심은 빠르고 정확한 수읽기라는 것입니다. 평생을 프로기사로 살아온 저에게도 이는 여전히 새로운 도전이며 긴장하게 하는 일입니다.

하지만 살다 보니 이보다 더 어려운 것이 있었습니다. 바로 부모로서 자녀를 키우는 일이 그것입니다. 유리했던 바둑 판세가 순식간에 뒤집히듯, 부모와 자녀의 관계도 한순간에 흔들릴 수 있습니다. 바둑은 한 판을 져도 다음 대국이 있지만, 자녀와의 관계가 틀어지면 부모는 패닉에 빠져 방향을 잃고 맙니다.

바둑은 때로는 공격적으로, 때로는 수비적으로, 실리를 추구하거나 세력을 키우는 등 상황에 따라 다양한 전략이 필요합니다. 매 대국마다 다른 형태의 바둑이 펼쳐지지만, 결국은 하나의 승부로 귀결됩니다. 자녀 양육도 이와 비슷합니다. 상황에 따라 각기 다른 양육의 지혜가 필요하지만, 그 모든 순간이 모여 한 아이의 빛나는 미래를 만들어갑니다.

중요한 대국을 앞둔 프로기사처럼, 자녀를 잘 키우고 싶은 부모의 마음은 간절합니다. 하지만 현실에서 많은 부모들은 뜻대로 되지 않는 양육 과정에서 좌절감을 느낍니다. 마치 좋은 바둑책이 더 나은 기사가 되도록 이끌어주듯, 부모의 마음을 이해하고 명확한 해법을 제시하는 책이 필요했습니다.

김성곤 교수는 수많은 양육 사례를 통해 얻은 통찰을 쉽고 명확하게 전달하고자 했습니다. 자녀 교육으로 고민하는 대한민국의 모든 부모님께 이 책을 진심으로 추천합니다.

유창혁 _바둑 프로9단(1984년 입단), 세계대회 그랜드슬램 달성,
前 (재)한국기원 사무총장

심리학자들은 한결같이 강조한다. 우리 교육의 가장 큰 문제는 교육 자체가 아닌 부모에게 있다고. 전 세계적으로 자녀를 위해 가장 헌신적인 우리 부모들이 왜 이토록 힘겨워하고 있을까? 배우지 않았기 때문이다. 그리고 배우지 않는 가장 큰 이유는 '부모만 어른'이라는 착각에 빠져 있기 때문이다.

완벽하지는 않더라도 끊임없이 성장하는 부모야말로 가장 좋은 부모다. 이 책은 그런 성장을 위해 꼭 필요한 과정과 방법을 누구보다 명확하게 안내한다. 조금만 더 세상에 일찍 나오지. 심리학자인 나 역시 좀 더 성장하는 부모가 될 수 있었을 것 아닌가.

김경일 _인지심리학자

오늘날의 부모들은 자녀의 성장과 성공에 대해 끊임없이 고민합니다. 빠르게 변화하는 세상 속에서, 자녀들이 복잡한 시대를 슬기롭고 건강하게 살아가도록 돕는 것은 부모로서 중요한 과제입니다.

이 책은 깊은 통찰과 실천적 지침을 통해 자녀의 내면을 이해하고 잠재력을 이끌어내는 구체적인 방법들을 제시합니다. 현실적인 사례와 조언이 풍부히 담겨 있어, 일상에서 쉽게 적용할 수 있습니다. 자녀의 환경과 상황을 정확히 파악하고, 부모로서의 역할을 세심하게 안내하며, 부모와 자녀 간의 유대감을 깊게 하는데 큰 도움이 될 것입니다.

단순한 교육 지침서를 넘어, 자녀의 인격 형성과 행복을 위한 길잡이 역할을 합니다. 자녀와 함께 그들의 세상을 탐구하고 이해하는 과정이야말로 진정한 교육임을 설득력 있게 전합니다.

저 또한 새로운 시각을 얻었습니다. 많은 부모들이 자녀와 더 깊은 신뢰와 이해를 쌓길 바라며, 자녀의 미래를 밝혀주는 여정에서 든든한 동반자가 되어줄 본서를 진심으로 추천합니다.

현인숙 _강릉영동대학교 총장, (사)대한체스연맹 회장

나라를 지키고 통일을 염원하며 살아오는 동안 한 가지를 깨달았다. 한 국가의 미래를 결정짓는 것은 강력한 군사력이 아닌, 건강한 가정이라는 점이다. 가정에서 부모의 역할은 그 무엇과도 바꿀 수 없는 가치를 지닌다.

김성곤 교수는 우리 사회가 간과해온 부모 됨의 의미를 깊이 성찰하게 한다. 더 나은 사회를 만들어가는 길은 결국 부모와 가정의 중요성에서 시작된다는 점을 저자는 강조한다. 부모로서 성장하지 않으면 자녀의 올바른 성장은 기대하기 어렵다. 여기 담긴 통찰들은 그 과정을 이해하고 실천할 수 있도록 돕는 귀중한 지침이 될 것이다.

가정에서 피워낸 부모의 진심 어린 헌신이, 우리 사회와 국가의 새로운 미래를 열어갈 것이다. 저자는 부모가 자녀와 진심으로 소통하고, 그들에게 올바른 길을 제시하는 방법을 명쾌하게 알려준다. 특히 연세대학교 동문으로서, 담겨있는 가치와 교육 철학에 큰 자부심을 느낀다.

아이들을 키우던 시절 이런 통찰을 접했더라면 더욱 지혜롭고 따뜻한 부모가 될 수 있었을 것이다. 부모의 사랑은 단순한 감정이 아닌, 올바른 방법과 실천을 통해 완성되며, 그것이야말로 자녀의 인생을 변화시키는 가장 강력한 힘이다. 부모의 사랑이 아이들의 삶의 토대가 되고, 나아가 세상을 바꾸는 원동력이 된다. 단순한 부모 교육서를 넘어, 우리 모두의 미래를 위한 소중한 자산이 되리라 확신한다.

김윤필 _연세대학교 교육대학원 총동창회 수석부회장, 한미친선협회회장

《완벽한 부모가 아이를 망친다》는 부모와 자녀 교육에 대한 새로운 패러다임을 제시하는 책이다. 20년 이상의 교육 현장 경험을 지닌 김성곤 교수는 부모가 단순한 지식 전달자가 아닌, 자녀와 함께 성장하는 동반자가 되어야 함을 강조한다.

이 책은 아이의 속마음을 읽는 법부터 디지털 시대의 자녀 교육, 성적 지상주의에서 벗어나는 방법까지, 현대 부모들이 직면한 핵심 과제들을 다룬다. 특히 주목할 점은 부모의 실천적 변화에 초점을 맞추고 있다는 것이다. "부모가 자녀에게 남길 수 있는 가장 큰 유산은 물질이 아니라, 진정한 어른으로서의 지혜"라는 저자의 메시지는 깊은 울림을 준다.

이 책은 자녀 교육에서 진정한 변화를 이끌어낼 수 있는 실용적인 지침서이자, 부모로서의 성장을 돕는 안내서가 될 것이다.

강선경 _서강대학교 신학대학원 사회복지학 교수, 한국사회복지공제회 이사장

한국 사회의 불행은 경쟁과 비교에서 비롯된다고들 말한다. 초등학교, 아니 유치원부터 입시에 내몰리는 우리 아이들이 불쌍하다고 입을 모은다. 하지만 아이러니하게도 아이들을 경쟁으로 내모는 것도, 끝없는 비교의 늪에 빠뜨리는 것도 바로 부모다. 부모들은 그것이 아이를 위해서라고 주장한다. 그러나 이 경쟁사회를 만든 것은 누구이며, 진정 아이들을 위하는 길은 무엇일까?

이 책은 아이들을 위하는 부모라면 반드시 알아야 할 내용들을 깊이 있게 다루고 있다. 부모는 문화를 전수하는 주체다. 부모가 바뀌지 않으면 경쟁과 비교의 한국문화는 결코 바뀌지 않을 것이다. 30년 전, 서태지는 말했다. 왜 바꾸지 않고 남이 바꾸길 바라고만 있을까.

한민 _문화심리학자

이 책은 현대 사회에서 부모가 자녀에게 어떤 교육을 제공해야 하는지 깊이 고민하는 부모들에게 꼭 필요한 책입니다. 저자 김성곤 교수는 급변하는 교육 환경 속에서 부모가 가져야 할 새로운 관점과 접근 방식을 제시하며, 자녀의 정서적 안정성, 사회적 역량, 창의적 사고력을 강조합니다. 특히, 부모와 자녀 간 소통의 중요성을 일깨우며, 학업 성취를 넘어 진정한 성장과 행복을 추구하는 길을 안내합니다.

저자는 SKY 대학을 다니다 자퇴한 아이들의 사례를 통해 부모의 기대와 압박이 자녀에게 어떤 결과를 초래할 수 있는지를 성찰하며, 자녀가 스스로 길을 찾도록 돕는 것이 진정한 부모의 역할임을 강조합니다. 또한 부모 스스로 자기 경험을 돌아보고, 감정을 다스리는 법을 배우는 것이 중요하다는 점을 설득력 있게 제시합니다.

이 책은 아이의 속마음을 이해하는 방법, 디지털 환경에서 소통하는 법, 성적 지상주의를 벗어나는 길 등 실질적이고 구체적인 육아 방법을 다룹니다. 부모가 자녀의 인생에 긍정적인 영향을 미칠 수 있는 실천적인 지혜와 통찰을 제공합니다. 부모와 자녀 간의 관계를 한층 깊이 있게 만들어줄 귀중한 지침서입니다. 부모가 단순한 감시자가 아닌, 자녀의 인생을 함께 걸어가는 동반자가 되기를 바라는 마음으로, 강력히 추천합니다.

정하용 _국제사이버대학교 ESG 경영학과 교수, 서강대학교 사회복지학 박사

오늘날 부모의 역할은 단순히 자녀를 키우는 것을 넘어섭니다. 자녀의 내면을 이해하고, 진정한 성장과 행복한 삶을 이끄는 지혜와 통찰이 필요한 시대입니다. 김성곤 교수의 통찰은 바로 그런 점에서 부모들에게 꼭 필요한 나침반이 될 것입니다.

이 책은 급변하는 교육 환경과 다변화하는 가치관 속에서, 부모와 자녀가 함께 성장할 수 있는 방법을 명쾌하게 제시합니다. 자녀의 마음을 읽고, 효과적으로 다가가는 방법을 구체적으로 설명하며, 디지털 시대에 걸맞은 새로운 양육 패러다임을 보여줍니다.

'아이의 마음 읽기', '디지털 시대, 부모의 역할', '미래를 위한 진로 탐색' 등 각 장에는 실천 가능한 방법과 깊은 통찰이 담겨 있습니다. 자녀의 잠재력과 행복한 성장을 위한 환경을 조성하는 방법을 알려주는 동시에, 진정한 성공의 의미를 깊이 있게 성찰하도록 이끕니다.

부모와 자녀가 서로를 더욱 깊이 이해하고, 동반자로서 함께 성장하는 여정에 김성곤 교수가 든든한 안내자가 되어줄 것입니다. 많은 부모님들이 이 안내를 따라 자녀와의 관계를 더욱 단단히 다지길 바랍니다. 모든 가정에 행복하고 의미 있는 성장의 이야기가 시작되기를 기대합니다.

심우상 _㈔세계인공지능바둑연맹 사무총장

"나도 힘들 때 부모수업을 들어요!"

이 책은 성적과 입시를 넘어, 아이의 내면과 성장에 주목하는 새로운 교육 패러다임을 제시합니다. 실패를 두려워하지 않으며, 부모 역시 함께 배우고 성장하는 새로운 교육의 지평을 열어줍니다. 이 책을 읽다 보면 부모로서의 불안과 두려움이 조금씩 용기와 확신으로 바뀌며, '진정한 어른'으로서 자녀에게 지혜와 용기를 심어주는 부모의 역할을 깊이 생각하게 됩니다.

이 책은 감정의 균형과 통찰력, 자녀를 향한 존중을 구체적 사례로 보여주며, 완벽하지 않아도 좋은 함께 자라나는 부모의 길잡이가 되어줍니다.

윤영돈 _윤코치연구소 소장, 한국커리어코치협회 부회장, 인사혁신처 정책자문위원 지금 우리 사회에서 한 아이의 존재는 그 어느 때보다도 소중하게 다가온다. 하지만 정작 부모가 되는 길에는 어떤 가르침도, 예행연습도 없다. 우리는 여행을 떠나기 전에도 계획을 세우고 준비를 하지만, 인생에서 가장 중요한 역할 중 하나인 부모 됨에 대해서는 아무런 교육도 받지 못하는 것이 현실이다. 김성곤 교수의 책은 이러한 빈자리를 채워주는 소중한 길잡이다. 부모가 성장해야 아이도 함께 성장할 수 있다는 사실을 차분히 일깨워준다.

책을 읽으며 나 또한 아이들에게 더 성숙하고 진정성 있게 다가갈 수 있었더라면 하는 아쉬움이 든다. 부모로서의 성장을 고민하는 분들에게 이 책은 분명 큰 도움이 될 것이다.

지경선 _AI CATS 교육이사

김성곤 교수의 말에는 마음을 움직이는 독보적인 통찰이 있습니다. 대한민국 사교육의 중심지 대치동에서 수도권 최대 교육기업 CEO로 20년을 이끌어왔고, 수많은 아동·청소년을 명문대에 진학시키며 그들의 성장을 지켜봐온 그입니다. 전국을 누비며 부모들의 고민에 함께 아파하고 해결책을 제시해온 분이기에, 부모들을 향한 그의 메시지에는 현장의 경험과 깊은 이해가 녹아 있습니다.

그의 이야기는 과학적 근거와 논리가 분명하면서도 흥미롭고, 실용적이면서도 새로운 통찰을 제공합니다. 그 속에는 자녀와 부모가 함께 성장하며, 건강하고 행복한 가정을 일구는 지혜가 담겨 있습니다. 개설한 지 1년도 되지 않은 〈0교시 부모영역〉 유튜브 채널이 14만 구독자를 모은 것도, 기존의 부모교육 패러다임을 완전히 바꾼 그의 혁신적인 교육철학 덕분일 것입니다.

이 책에는 20년간 축적된 교육 노하우와 연구, 그리고 삶의 경험으로 다져진 지혜가 오롯이 담겨 있습니다. 그는 달콤한 성공 공식을 좇기보다는, 먼저 건강하고 성숙한 정서교감형 부모가 되어야 한다고 말합니다. 이 메시지는 우리 마음 깊은 곳을 울리며 삶의 변화를 이끌어냅니다. 때로는 거침없이 신랄하고, 때로는 격정적인 그의 어조가 오히려 따뜻하게 다가오는 이유는 무엇일까요? 그가 "완벽한 부모가 되어야 한다"라고 강요하는 대신 "함께 좋은 부모로 성장하자"라고 제안하기 때문이며, 무엇보다 우리의 미래 세대를 향한 진심 어린 애정이 담겨 있기 때문일 것입니다.

만약 내담자께서 부모교육 도서 중 단 한 권을 추천해달라고 하신다면, 주저 없이 이 책을 권하고 싶습니다. 첫 장부터 마지막 장까지 술술 읽히는 편안한 문체로 쓰여 있으면서도, 다 읽고 나면 부모교육에 대한 패러다임이 완전히 바뀌는 강렬한 경험을 하게 될 것이기 때문입니다.

박주영 _ SK㈜ C&C 사내상담사, 기업상담 및 기업코칭 전문가, 임상상담심리 박사

양육은 매일 새로운 배움과 도전의 연속입니다. 《완벽한 부모가 아이를 망친다》는 그러한 여정을 더욱 따뜻하고 의미 있게 만들어주는 등불 같은 책입니다. 자녀의 속마음을 읽고, 소통하며 보호하는 법에 이르기까지, 부모가 직면하는 거의 모든 주제를 깊이 있게 다루고 있습니다.

저자는 자신의 풍부한 경험과 깊은 공감을 바탕으로, 양육자가 자녀와 더욱 깊이 연결되는 방법을 제안합니다. 또한, 양육자가 겪는 현실적인 문제와 도전에 대한 실질적인 해결책을 제시하며, 자녀와 함께 성장하는 즐거움이 가득한 가정으로 안내합니다.

이 책은 양육자와 자녀가 함께 성장하며, 더 나은 미래를 향해 나아갈 수 있도록 따뜻하고 실용적인 조언을 아낌없이 담아냈습니다. 작은 변화에서 시작해 큰 성장을 이끌어내고 싶은 모든 양육자에게, 큰 영감과 위로가 되기를 진심으로 바랍니다.

서새미 _차의과학대학교 임상상담심리대학원 놀이치료 외래교수

디지털 시대는 끊임없는 유혹의 연속이다. 짧고 자극적인 영상들이 우리 시선을 빼앗고, 변화의 속도는 더욱 빨라진다. 이런 혼란스러운 환경에서 부모의 역할은 점점 더 중요해지고 있다.

이 책은 부모가 자녀를 향해 더 깊은 정서를 느끼고, 현명한 태도를 갖출 수 있도록 돕는다. 일부 부모만의 과제가 아니라 우리 모두에게 요구되는 삶의 태도이기도 하다. 저자는 꾸준히 부모와 자녀가 함께 소통할 수 있는 방법을 연구했고, 그 과정에서 '공감'이라는 핵심 가치를 강조해왔다.

특히, 저자는 '공부'를 위한 바탕으로 정서적 성숙을 꼽는다. 모두가 똑같은 길만을 요구받는 이 시대에, 각기 다른 모습과 방향성을 존중받아야 한다는 그의 메시지는 강렬하다. 이 질문 앞에서 고민 중인 부모들에게 이 책은 강력한 울림이 되어줄 것이다.

이 시대에 꼭 필요한 책. 자녀와 함께 성장하길 꿈꾸는 모든 부모님께 자신 있게 권한다. 책장을 넘기는 순간부터 그 진가를 느낄 수 있을 것이다.

민유민 _피카펜 콘텐츠 매니저, 단편소설집 《양계장 쪽으로》 저자

교육 현장에서 오랜 시간 학생들을 가르치며, 부모의 교육과 역할이 얼마나 중요한지를 알고 있었다. 책을 읽으면서 부모가 왜 공부해야 하는지 부모의

역할이 무엇인지 정확한 지침을 알려주고 있는 것 같아서 너무 좋았다. 대한민국의 학부모라면 꼭 읽어야 할 필독서로서 추천하고 싶다. 나 역시 이 책을 통해 더 발전하고 성장하는 부모가 될 수 있다고 확신하게 되었고, 그 과정에서 달라진 내 모습을 발견했다. 이 귀한 책에 감사의 마음을 전한다.

이민형 _EBS 강사(수학)

디지털 기술의 발달로 아이들은 성인 세계에 쉽게 노출되고 있으며, 이로 인해 예기치 못한 사건과 사고에 휘말리는 경우가 늘고 있다. 더욱이 지금은 성적과 실력, 심리적 건강을 잘 관리해도 원하는 입시 결과를 얻기가 더욱 어려워진 대전환의 시대다.

처음 부모가 된 이들은 이전 세대와는 다른 양육의 어려움을 겪고 있다. 이 책은 디지털 시대를 살아가는 청소년들의 현실을 정확히 진단하고 구체적인 해결책을 제시한다. 또한 입시 경쟁 속 부모들의 고민을 깊이 이해하고 날카로운 통찰을 전한다.

이 책은 한 번 읽고 끝내기보다는, 필요할 때마다 찾아보는 육아 지침서로 활용하면 좋을 것이다.

박윤서 _대치동 하이앤드에듀 원장

이 책에 'N교시 선생 수업'이라는 부제를 붙이고 싶다. 부모를 위한 수업이 선생님을 위한 수업이 될 수 있기 때문이다. 부모를 선생님으로, 자녀를 학생으로 바꿔 읽어보면 같은 진심이 흐르고 있음을 알 수 있다. 사부일체(師父一體)라는 말처럼 스승과 부모의 마음은 하나다. 선생님은 부모 못지않게 아이의 삶에 큰 영향을 미치며, 때론 한 사람의 인생을 바꾸기도 한다.

바둑 고수가 상대의 수를 정확하게 읽어내듯, 이 책은 학생의 마음을 이해하고 교육의 본질을 돌아보며 학생과 함께 성장하고자 하는 선생님들에게 분명한 길잡이가 될 것이다. 이 책을 읽고 실천하다 보면 어느새 더 나은 선생님이 되어 있을 것이다.

김덕규 _전국바둑강사협회 회장

김성곤 교수의 글은 나에게 "나는 어떤 부모로 살아가고 있는가?"라는 질문을 던지는 듯하다. 다소 도전적으로 다가올 수도 있지만, 그의 글은 내 일상의 구겨진 단면을 펼쳐 보이게 한다. 부모교육에 정답은 없지만, 김성곤 교수의 글을 따라가다 보면 불현듯 깨달음을 주는 '아하'의 순간을 만나게 된다. 《완벽한 부모가 아이를 망친다》 역시 그런 순간을 선사할 책이다.

신성철 _경북과학대학교 사회복지학과 교수

이 책은 매일 밤 아이의 방에서 새어 나오는 불빛을 바라보며 한숨짓는 부모의 마음을 깊이 이해한다.

7년 동안 청소년들의 목소리를 담아온 저자의 연구는 우리가 미처 보지 못했던 아이들의 내면을 섬세하게 들여다본다. 디지털 시대를 살아가는 아이들의 현실, 일과 양육 사이에서 균형을 찾으려 애쓰는 부모의 고민까지, 이 책에는 우리 시대 교육 현장의 생생한 모습이 담겨 있다.

"부모의 성장이 곧 아이의 행복"이라는 저자의 통찰은, 완벽한 부모가 되려 애쓰는 이 시대 부모들에게 따뜻한 위로가 되어준다. 이 책과 함께라면, 부모는 자녀 교육의 여정에서 더 이상 외롭지 않을 것이다.

전종목 _작가, 폴앤마크 이사, 세바시 강연코치

1부. 아이의 속마음을 읽는 부모

2부. 디지털 네이티브, 아이의 세상을 들여다보다

3부. 성적 지상주의 교육에서 아이 구하기

4부. 나의 양육 방식, 축복일까 저주일까?

5부. 아이의 인생을 바꾸는 부모의 사소한 습관

6부. 아이의 미래를 위해 지금 당장 실천해야 할 것들

들어가는 글

SKY를 넘어선 성공

부모가 알아야 할 새로운 교육 패러다임

2023년 기준 서울대, 연세대, 고려대, 이른바 SKY 대학교를 다니다가 자퇴한 학생 수는 무려 1,874명에 달합니다. 전체 자퇴생의 약 80%가 자연계열 학생으로, 입시 업계에서는 이들 중 상당수가 의·약학계열 진학을 목표로 한 재수·반수생일 것으로 추정하고 있습니다.

저는 이들 중 몇몇을 직접 가르쳤던 인연이 있습니다. 의학계열 진학을 위해 SKY를 포기한 제자도 있었지만, 전혀 다른 이유로 자퇴를 선택한 학생도 있었습니다. 갑작스러운 자퇴 소식에 즉시 연락하고 싶었지만, 차분히 기다렸다가 식사 자리를 마련했습니다. 그런데 그 자리에서 들은 예상 밖의 이야기에 더 이상 어떤 말도 덧붙일 수 없었습니다.

"교수님, 저는 12년 동안 오로지 공부만 했어요. 그게 부모님의 기대이자 제 인생을 위한 최선이라 믿었거든요. 그저 SKY에만 가면 인생이 술술 풀릴 줄 알았어요. 그런데 대학에 와보니 전공도 맞지 않고, 무엇보다 행복하지 않더라고요. 앞으로 4년이라는 시간을 제 의지와 무관하게 보내야 한다는 생각을 하니 저 자신이 너무 불쌍했어요. 의대 간다고 자퇴한 친구들은 또 다른 목표가 있겠지만, 저는 제가 진짜 하고 싶은 일을 찾고 싶었어요."

그렇습니다. 우리는 사회가 정한 기준을 맹목적으로 따르며, 아이들의 의견은 듣지도 않은 채 높은 연봉과 직업 안정성, 사회적 평가라는 틀에 가두어 오직 '공부'만을 강요해왔는지 모릅니다. 물론 공부가 중요하지 않다는 말이 아닙니다. 다만 부모라면 입시와 학업의 무게를 짊어진 자녀들과 진정성 있는 대화를 나누고 그들의 이야기에 귀 기울이면서, 스스로 자신의 삶을 설계할 수 있도록 돕는 것이 무엇보다 필요합니다.

유튜브나 각종 미디어에서 자녀 교육의 주요 키워드로 자리 잡은 것들은 의대 진학, SKY 진학, 입시, 공부법 등입니다. 어른들이 학벌에 그렇게 집착하는데, 아이들의 가치관이 쉽게 바뀔 수 있을까요?

최근에는 딥페이크 범죄, 명문대 N번방 사건, K대 카톡 성희롱 사건 등 일부 명문대생들의 심각한 일탈이 사회문제가 되고 있습니다. 단순히 소수의 경솔한 행동으로 치부하면 그만일까요? 명문대생이라는 이유로 이를 용인할 수 있을까요? 문제의 핵심에는 입시 중심 교육으로 인성 교육이 소홀해진 현실과, 물질적 성취만이 삶의 가치를 결정한다는 왜곡된 사회 분위기가 자리 잡고 있습니다.

우리 사회에서 큰 문제를 일으키는 이들 중 상당수가 이른바 명문대 출신입니다. 그들이 건강하고 올바른 리더가 되어야 사회 구성원 모두가 행복해질 수 있습니다. 그러나 어려서부터 물질적 가치만을 우선시하다 보니, 인권이나 민주주의와 같은 가치는 뒷전으로 밀려났습니다. 이들이 인권, 도덕, 윤리에 대한 감수성을 잃고 문제를 일으킨다면 그 사회는 어떻게 될까요?

부모의 역할은 자녀의 성공을 위해 단순히 정보와 수단을 제공하는 데 그치지 않습니다. 아이가 스스로의 길을 찾아갈 수 있도록, 그 과정에서 필요한 지혜를 전수해주어야 합니다. 그리고 이 지혜는 책으로 얻을 수 없습니다. 부모 자신의 경험을 통해 쌓인 교훈과 내면의 통찰이 필요합니다.

예컨대 부모가 "시험 결과에 연연하지 말고 그 과정에서 배운 것에 가치를 두라"고 진정 조언할 수 있으려면, 과거에 실패를 겪으면서 이를 수용하고 극복했던 경험이 있어야 합니다. 무엇보다 자녀에게 지혜를 가르치기에 앞서, 자신을 돌아보고 감정을 다스리는 법을 배워야 합니다.

자녀와의 소통이 인생의 성공을 만든다

대한민국 사교육의 중심지 대치동에서 보낸 20년의 시간, 그리고 현재 대학에서 부모교육과 자녀교육을 강의하면서, 저는 우리나라의 뜨거운 교육열과 그 결과가 10~20년 후 각자의 인생에 미친 영향을 생생하게 지켜볼 수 있었습니다. 20년간 일대일 방문학습 회사를 운영하며 수많은 가정을 직접 방문해 학습 상담을 진행한 결과, 놀라운 사실을 발견했습니다. 입시의 성공은 단순히 많은 사교육비 투자로 좌우되는 것이 아니었습니다. 오히려 성패의 80%는 부모와 자녀 사이의 '정서적 교감의 밀도'에서 결정된다는 것이었습니다.

그들의 자녀 중에는 공부를 잘하는 아이도 있었고, 부모만큼 잘하지 못해 항상 방 안에 숨어 지내는 아이도 있었습니다. 주목할 만한 점은 이른바 '상류층' 집안의 부모와 자녀 사이에는 서로를 지켜주는 '심리적 공간'이 있다는 것입니다. 흥분되고 화가 나더라도 함부로 말하지 않고 쉽게 감정을 드러내지 않았죠. 이것이 왜 중요한지는 아이들이 성인이 된 이후에야 알게 되었습니다.

가정에서 부모가 성실하게 일하는 모습을 보여주고, TV 대신 책을 읽는 부모와 사는 자녀는 꼭 명문대에 진학하지 못하더라도 부모를 롤모델 삼아 결국 자신이 하고 싶은 일을 찾고 그 일을 위해 최선을 다하는 삶을 삽니다. 실제로 제가 관찰한 2,000

여 명의 아이들 중 약 80% 이상이 자신이 진정으로 좋아하고 잘하는 일을 발견했고, 사회적으로도 건강하고 충실한 삶을 살아가고 있습니다. 정말 중요한 것은 평상시 부모의 말과 행동이었습니다.

지금 의대 정원 확대에 상위권 학부모들이 열광하는 이유는 대한민국이라는 나라에서 전문 자격증을 취득해 자식이 좀 더 편안하게 살기를 바라는 마음에서 비롯되었을 겁니다. 그게 잘못은 아닙니다. 문제는 의대를 못 가는, 그러니까 상위 0.1%가 아닌 아이들의 삶도 소중하다는 것이지요.

대한민국의 교육 문제가 결국 입시 경쟁으로 귀결되고, 명문대 입학의 병목 현상으로 인한 사회적 문제들은 단기적인 처방만으로는 해결될 수 없습니다. 하지만 세상의 모든 변화는 갑자기 오는 것이 아니라 점진적으로 찾아옵니다. 지금 이 시대를 살아가는 우리 자녀들에게 가장 필요한 것은 어쩌면 입시 성공이 아닌, 부모가 보여주는 '진정한 어른'의 모습일지도 모릅니다.

진정한 어른은 나이만 많은 사람이 아니라, 어떤 문제가 닥쳐도 현명하게 대처할 수 있는 지혜로운 사람을 의미합니다. 최고의 지혜를 얻으려면 자신의 한계를 인정하고, 지속적인 배움과 자기 발전을 위한 노력이 필요합니다. 이러한 과정은 부모로서의 역할을 더욱 깊이 있게 만들어주며, 자녀에게도 올바른 지혜를 물려주는 밑거름이 됩니다.

요즘 유튜브나 각종 SNS에서 이른바 명문대에 자녀를 보낸 부모들이 '자녀교육' 전도사로 나서고, 많은 이들이 그들을 추앙하는 모습을 봅니다. "교육채널=입시 위주"라는 공식이 아직까지 이어지고 있습니다. 거의 대부분 상위권 관련 입시와 공부 콘텐츠를 경쟁적으로 다루는 상황입니다. 대한민국의 많은 지식인들과 교육 관계자들은 경쟁 중심의 교육 시스템, 주입식 교육, 과도한 사교육 의존, 아이들에 대한 정서적·심리적 지원 부족, 혁신 부족, 학교와 사회 간 연계 부족의 문제를 늘 지적합니다.

하지만 이러한 지적은 10년 전부터 반복되어 왔을 뿐입니다. 각종 칼럼이나 언론 보도에서도 비판에만 그칠 뿐, 실질적인 대안을 제시하고 구체적 변화를 이끌어내는 혁신가는 찾아보기 어려운 실정입니다.

이러한 상황에서 오직 "자녀교육, 부모교육, 청소년 심리" 콘텐츠를 중심으로 7개월 만에 14만 구독자를 확보한 유튜브 채널 〈0교시 부모영역〉은 특별한 의미를 지닙니다. 이 채널은 대치동 학원가의 강사나 명문대 재학생들을 내세우는 대신, 심리학적 접근을 바탕으로 자녀교육과 부모교육의 본질적인 내용을 다룹니다. 저는 확신합니다. 〈0교시 부모영역〉은 앞으로도 이 시대가 진정으로 필요로 하는 최고의 자녀교육, 부모교육 채널로 자리매김할 것입니다.

진정한 어른으로 자녀와 함께 성장하기

진정한 어른이 되기 위해 부모는 세 가지만 기억하면 됩니다.

첫 번째는 개방적인 마음입니다. 자녀가 여러분의 기대와 다르게 행동할 때, 이를 비난하기보다는 왜 그런 선택을 했는지 들어보고 이해하는 것이 중요합니다. 자녀의 관점을 받아들이고, 그들의 경험을 존중하는 자세가 필요합니다.

두 번째는 균형 잡힌 감정 조절입니다. 자녀가 실수를 했을 때, 부모는 즉각적인 감정적 반응을 보이기보다 먼저 자신의 감정을 들여다보고 차분하게 대응하는 법을 익혀야 합니다. 부모의 감정적 폭발이나 과도한 비판은 자녀에게 더 큰 스트레스로 다가올 수 있기 때문입니다.

세 번째는 통찰력입니다. 자녀가 처한 상황을 깊이 이해하고, 문제를 해결할 수 있도록 도와주는 능력입니다. 부모는 자녀가 스스로 문제를 해결할 수 있도록 격려하며, 그들의 결정에 대해 생각할 기회를 줘야 합니다. 통찰력 있는 부모는 자신의 생각을 강요하지 않고, 자녀가 올바른 선택을 할 수 있도록 배려합니다.

부모의 불완전함은 도리어 교육의 소중한 자산이 될 수 있습니다. 중요한 것은 자녀와 함께 성장해가는 과정이며, 자녀의 실수나 실패는 오히려 더 큰 성장을 위한 값진 기회가 됩니다.

더불어, 자녀에게 실패의 진정한 가치를 일깨워주는 부모는 아이의 마음속에 회복탄력성이라는 강력한 힘을 심어주게 됩니다. 세상은 늘 성공만을 강조하지만, 부모는 자녀에게 "실패해도 괜찮다"는 진심 어린 위로를 건넬 수 있어야 합니다. 이것이야말로 진정한 어른이자 부모가 수행해야 할 가장 중요한 역할입니다.

부모가 자녀에게 남길 수 있는 가장 큰 유산은 물질적인 것이 아니라, 진정한 어른으로서의 지혜입니다. 자녀가 어려움을 겪을 때, 그것을 극복할 힘을 주는 것이야말로 진정한 부모의 역할입니다. 우리가 자녀에게 줄 수 있는 최고의 선물은 그들이 실수하더라도, 실패하더라도 다시 일어설 수 있는 용기와 자존감을 심어주는 것입니다. 자녀와 함께 성장하는 어른이 되어가는 길이야말로 부모가 걸어야 할 진정한 여정입니다.

저는 이 책을 통해 부모가 단순한 교육 감시자가 아니라, 아이의 인생을 함께 걸어가는 진정한 동반자가 되기를 바라는 마음을 전하고자 했습니다. 부모가 되는 순간, 우리는 새로운 차원의 과제들과 마주하게 됩니다. 빠르게 변화하는 교육 환경과 불확실한 미래 속에서 부모로서의 책임감은 커질 수밖에 없습니다. "내가 과연 아이를 제대로 키우고 있는 걸까?"라는 불안과 의문도 끊임없이 따라옵니다.

이 책은 기존의 교육 패러다임을 넘어서는 새로운 지평을 제시합니다. 비행기가 이륙하기 전 철저한 점검을 거치듯, 부모 역시 자신의 교육철학과 양육 태도를 심층적으로 점검할 시점입니다. 이러한 성찰의 과정이 부모-자녀 관계의 질적 도약을 가져올 것입니다.

그러므로 이 책은 단순한 교육 팁이나 노하우를 나열하는 데 그치지 않습니다. 자녀교육에 대한 인식의 근본적 전환을 이끄는 새로운 패러다임을 담고 있습니다. 수많은 강연 현장에서 부모와 자녀 사이의 정서적 가교 역할을 해온 제 경험과 통찰이 책의 뼈대를 이룹니다.

우리는 이제 단순한 학업 성취라는 좁은 시각을 넘어, 정서적 안정과 사회적 역량, 창의적 사고력이 조화롭게 발달하는 통합적 성장의 새로운 비전을 그려야 합니다. 이러한 가치관이 부모님들의 마음속에 단단히 자리 잡아, 자녀의 무한한 잠재력과 열정을 이끌어내는 든든한 버팀목이 되어주시길 진심으로 바랍니다.

이제, 함께 새로운 차원의 부모 되기 여정을 시작하겠습니다.

1부

아이의 속마음을 읽는 부모

1. 부모의 언어가 자녀의 운명이 된다

7년간의 추적 연구가 밝혀낸 놀라운 진실

부모에게 가장 많이 들었던 말들

청소년의 심리와 성장 과정을 추적하며 7년에 걸쳐 청소년 3,000여 명을 대상으로 설문조사를 진행한 적이 있습니다. 종단 연구(장기 추적 연구)를 통해 10대 아이들이 부모로부터 가장 많이 들었던 말과 가장 듣고 싶은 말은 무엇인지, 그리고 그 말을 듣고 자란 아이들이 성인이 되어서도 잘 살아가고 있는지 연구했습니다. 이 연구는 강의 후 일회성으로 강의 후기를 적거나 일시적으로 조사하는 횡단연구보다 더욱 객관적이고 신뢰성 있는 데이터를 확보할 수 있다는 장점이 있습니다.

7년 동안 진행한 연구에서 10대 아이들이 학창 시절에 부모로부터 가장 많이 들었던 말은 '공부'였습니다. 초등학생들이 제일 바쁜 이유가 바로 여기에 있습니다. 한참 놀아야 할 초등학생이 늦게까지 학원을 다니고 있죠. 이때부터 부모와의 전쟁 아닌 전쟁이 시작됩니다.

"숙제했니?", "숙제 다 했으면 공부해라", "아니 또 게임이야, 그럼 공부는 언제 할 거야?" 등의 말을 듣습니다. 심지어 공부를 다 했다고 해도 "하긴 뭘 다 해? 빨리 문제집 펴라"며 채근합니다. 대다수 아이는 이런 공부 걱정과 자신을 믿지 못하는 부모의 원망 섞인 말이 가장 듣기 싫었다고 토로했습니다.

두 번째로 많이 들었던 말은 금지와 통제를 앞세운 일방적 명령어였습니다. "PC방 출입 금지", "스마트폰 당장 내려놔", "그 친구랑 어울리지 마" 등 자녀의 행동을 무조건적으로 제한하는 언어들입니다.

부모의 즉각적인 분노와 감정 표출은 일시적으로 상황을 잠재울 수 있습니다. 하지만 이는 표면적인 순응을 이끌어낼 뿐, 문제의 본질적 해결과는 거리가 멉니다. 시간이 지날수록 오히려 더 큰 갈등의 씨앗이 되어 돌아옵니다.

자녀들은 성장 과정에서 부모가 "이 게임의 어떤 점이 재밌어?", "그 친구만의 특별한 매력이 있구나?" 같은 공감적 질문을 건네지 않은 것에 가장 큰 서운함을 느꼈다고 토로합니다. 통제가 아닌 이해를 바탕으로 한 대화야말로 자녀와의 관계를 견고하게 만드는 기초가 됩니다.

아이들이 세 번째로 많이 들었던 말은 "네가 할 수 있는 게 뭔데"였습니다. 유아나 초등 저학년 시기에 비싼 사교육비를 들여 여러 학원과 과외를 시키는데도, 부모가 원하는 결과가 나오지 않으면 "넌 도대체 잘하는 게 뭐니?", "엄마, 아빠가 이렇게 신경 쓰는데 겨우 이거야?"라며 아이의 가능성을 부정하는 말들을 서슴없이 뱉어냈습니다.

사춘기 아이들이 부모에게 듣고 싶었던 말 10가지

그렇다면 10대 아이들이 부모에게서 가장 많이 듣고 싶었던 말은 무엇일까요?

첫째, "오늘 시험 끝났구나, 너무 수고했어. 친구들이랑 맛있는 거 먹고 실컷 놀다 와. 엄마가 용돈 보냈어."

둘째, "게임 몰래 할 필요없어. 너도 스트레스가 쌓이면 풀어야지. 대신 밥은 먹고 해라."

셋째, "하루에 한 번은 엄마 아빠랑 함께 밥 먹자. 너도 바쁜 거 알지만 우리 아들(딸) 오늘 무슨 일 있었는지 너무 궁금해."

넷째, "오늘 공부가 잘 안 되는 거 같으면 잠깐 쉬어도 괜찮아. 고기 파티라도 할까?"

다섯째, "아빠도 요즘 회사 일이 바빠서 너무 힘든데 너도 고3

이라 많이 힘들지? 우리 서로 응원할까?"

여섯째, "친구하고 싸워서 마음이 아플 땐 실컷 울어도 돼. 네가 그만큼 그 친구를 사랑하고 있다는 거니까."

일곱째, "요새 짜증도 자주 나고 공부도 하기 싫고 그냥 혼자 있고 싶지? 그건 네가 아주 건강하게 잘 크고 있다는 증거니까, 조금만 더 힘내보자."

여덟째, "아니야, 너 되게 잘하고 있어. 지금처럼 하면 돼."

아홉째, "엄마 아빠는 언제나 네 선택을 믿어. 걱정 안 해."

열째, "살아보니까 행복은 저 멀리 있는 게 아니라 바로 지금 여기에 있더라고. 너도 오늘 하루 행복했으면 좋겠어."

이 연구를 통해 아이들이 얼마나 순수하고, 작은 것에 감동하는지, 부모의 한마디를 오래도록 기억하고 있었는지 알 수 있었습니다. 또한 아이들이 듣고 싶어 했던 이 10가지 말을 꾸준히 해준 부모 밑에서 자란 아이들은 대학생이 되고 군대에 가고 취업을 해서도 높은 자아존중감을 유지하며, 약 91%가 행복하게 살고 있다는 사실도 확인할 수 있었습니다.

우리 모두는 유년시절과 사춘기를 거치고 입시를 겪으며 한 명의 부모로 성장했습니다. 살아오면서 마주친 수많은 난관과 실패에서 다시 일어설 수 있었던 것은, 어린 시절 부모님으로부터 자연스럽게 배운 회복탄력성이 있었기 때문입니다. 일상이 바쁘고 때로는 지칠 때라도, 우리는 자녀에게만큼은 흔들리지 않는 든든한 지지자가 되어주어야 합니다.

아비투스와 부모의 영향력

프랑스 사회학자 피에르 부르디외가 만들어낸 "아비투스"라는 단어를 들어보셨을 것입니다. 누군가는 클래식 공연을 보며 행복에 젖어들지만, 같은 공연을 5분만 듣고 있어도 졸음이 쏟아지는 사람이 있습니다. 또 어떤 이는 에르메스 가방을 메고 스타벅스에서 커피 마시는 것을 즐기지만, 다른 이는 명품 가방 없이 천 원짜리 커피를 마셔도 행복합니다.

왜 이렇게 다를까요? 단순한 취향 차이일까요, 아니면 경제적 여건 때문일까요? 사실 우리는 처한 환경에 따라 각기 다른 문화를 접하고 다른 사람들을 만나며 '문화 습득'을 하게 됩니다. 이 과정을 통해 어떤 사람은 클래식을 즐기게 되고, 어떤 사람은 클래식을 들을 때 하품이 나오는 것입니다.

아비투스란 개인의 행동과 인식을 형성하는 내재화된 시스템으로, 사회적 환경과 개인의 경험이 결합되어 형성됩니다. 이는 개인 삶의 방식과 사고방식, 그리고 취향과 태도에 큰 영향을 미칩니다. 더욱 주목할 만한 점은, 초등학교부터 대학 입학 전까지 부모가 지닌 가치관과 삶의 태도, 그리고 그것을 표현하는 방식이 자녀의 아비투스 형성에 결정적인 영향을 미친다는 사실입니다.

부모는 자녀에게 되도록 많은 재산과 권력, 그리고 좋은 유전자를 물려주고 싶어 합니다. 하지만 진정으로 중요한 유산은 이러한 자원을 현명하게 활용하는 지혜와, 자신의 꿈을 향해 끊임없이 도전하는 정신입니다.

아이들에게 "너는 꿈이 뭐야?"라고 물으면 의사, 변호사, 검사 등을 말하곤 합니다. 그것은 사실 꿈이 아닌 직업일 뿐입니다. 꿈은 명사가 아닌 동사여야 합니다. "의사가 되어 취약계층의 아픈 사람들을 도와줄 거야", "미술작가가 되어 그림으로 사람들을 치유하고 싶어", "선생님이 되어서 수학을 어려워하는 학생들을 도와주고 싶어"처럼 자신이 무엇이 되어 어떤 가치를 실현할 것인지를 담아내는 것이 진정한 꿈입니다. 살면서 힘들고 지칠 때, 자신만의 꿈에 대한 이야기를 기억해야 고난의 과정을 이겨낼 수 있고 삶의 의미를 깨달을 수 있습니다. 자녀들의 꿈이 지금 듣기에 현실성이 좀 부족해 보이더라도 우리는 응원해주어야 합니다. 자녀 스스로 꿈에 한계를 두지 않게 하려면 부모의 한마디가 중요합니다.

부모에게 주어진 가장 중요한 역할은 자녀에 대한 무조건적 신뢰와 정서적 지지입니다. 이것은 아이의 자아존중감을 높이고, 인생의 다양한 도전 과제를 극복할 힘을 길러줍니다. 꿈은 단순한 목표가 아니라, 아이가 스스로 미래를 만들어가는 과정의 일부입니다. 자녀가 자신의 꿈을 향해 나아갈 수 있도록, 힘든 순간에도 포기하지 않도록 든든한 지원군이 되어주십시오. 오늘도 따뜻한 말 한마디를 건네고, 꿈과 희망을 함께 나누는 시간을 가져보세요.

0교시 골든타임

"괜찮아, 힘들면 넘어져도 돼. 중요한 건 한 번도 넘어지지 않는 것이 아니라, 넘어질 때마다 일어서는 용기야. 넌 지금도 너무 잘하고 있어."
때로는 쉬어갈 시간이 필요합니다. 부모의 역할은 아이가 다시 일어설 수 있도록 응원하고 지지해주는 것이에요. 넘어져도 괜찮다는 말, 지금 충분히 잘하고 있다는 말 한마디가 아이에게 큰 힘이 됩니다. 아이의 속도를 존중하고 기다려주세요.

2. 시험 스트레스가 숨긴 진짜 이야기

"시험지만 받으면 심장이 너무 뛰고 떨려요."

"시험일만 되면 배탈이 나고 속이 안 좋아요."

시험에 대한 극도의 불안을 호소하는 학생들을 상담 현장에서 많이 만납니다. 심하면 눈앞이 캄캄해지거나 시험지가 백지로 보이며, 두통이나 복통 등의 신체 증상이 나타납니다. 이것을 심리학에서는 "시험불안test anxiety"이라고 합니다. 시험불안은 날짜가 가까워질수록 불안감을 느끼고, 주의집중을 못하며, 글을 읽어도 내용을 파악하기 어려운 증상입니다.

중요한 일을 앞두고 어느 정도의 불안과 긴장을 느끼는 것은 어찌 보면 자연스럽습니다. 하지만 시험불안은 일상의 긴장을 넘어선 병리적 현상입니다.

시험불안이 지속되면 신체적인 반응으로 이어집니다. 어지럽거나 심하면 구토가 나오기도 합니다. 이런 시험불안증은 시험공포증으로 전이되고, 심하면 학업 자체에 문제가 되기도 합니다. 성장기에 있는 학생들에게 시험은 아주 중요한 일 중 하나이기에, 과도한 시험불안은 간과해서는 안 될 문제입니다.

시험에 대한 극도의 불안과 공포는 특정 불안장애의 형태로, 불안장애의 한 유형입니다. 불안anxiety은 외부 위협에 대한 인체의 정서적, 신체적, 심리적 반응을 말합니다. 이러한 요구에 대처 능력이 부족하다고 느끼거나 자아를 위협한다고 인식할 때 아이들은 불안을 느끼게 됩니다.

시험불안은 크게 세 가지 유형으로 나뉩니다.

첫째, 인지 왜곡에 따른 불안입니다. 시험에 대한 걱정, 즉 부정적인 예견을 말합니다. 예를 들어, 시험을 잘 못 봤다고 생각하면 "나는 공부를 잘하지 못하는 사람이구나"라고 스스로 부정적으로 평가하는 것이죠.

둘째, 정서적 과민 반응입니다. 시험에 실패하거나 공부를 망칠 때의 결과를 예상하고, 또래 친구들과의 학업능력 차이로 자신감을 잃은 상태를 말합니다. 신경과민, 긴장감, 소화장애, 과도한 땀 흘림 등이 대표적인 증상입니다.

셋째, 신체화된 불안 반응입니다. 정서적 시험불안과 유사한 양상을 보이는데, 소화장애, 땀 흘림, 안절부절못하는 행동 등의 특징을 보입니다.

부모의 기대가 만드는 불안의 연쇄작용

모든 아이에게는 어느 정도 시험불안이 있습니다. 다만 강도에는 차이가 있습니다. 아이의 타고난 성격은 이를 악화시킵니다. 소심하고 내성적이며 완벽을 추구할수록 강박증이 심해 시험불안도 더 크게 나타납니다.

또 다른 중요한 요인은 부모의 지나친 기대입니다. 시험을 많이 치르는 연령대는 대개 13~15세 사이인데, 이 시기는 뇌 발달이 완전히 이루어지지 않았고, 부모와의 정서적 안정감이 더욱 필요한 때입니다. 그런데 만약 아이가 부모의 높은 기대치에 미치지 못하고 시험을 망쳤다면, 아이는 "엄마에게 거절당할 거야", "엄마는 이제 나를 믿지 못할 거야"라는 생각에 사로잡히게 됩니다.

이를 '격리불안'이라고 하는데, 아이들이 부모와 떨어져 있을 때 느끼는 불안을 말합니다. 아이들이 부모에게 부정적 평가를 받게 되면 스스로에 대한 부정적 이미지를 갖게 되고, 이는 부모에 대한 적대감으로 변할 수 있습니다. 이렇게 무의식 속에서 부모를 적대하고 있던 아이들은 "내가 부모님에게 버림당하지는 않을까"라는 위협을 느끼며 살아갑니다.

이런 아이들은 크게 두 가지 패턴으로 반응합니다. 첫째는 부모의 기대에 부응하기 위해 안간힘을 쓰는 경우이고, 둘째는 부모의 기대치에 도달하지 못해 심한 불안 상태에 빠지는 경우입니다. 후자의 경우, 시험 때만이 아니라 일상생활에서도 불안감이 나타나 부모의 도움 없이는 생활이 어려워집니다. 이런 아이들은 고등학교에 들어가도 공부에 전혀 관심이 없어지고 사회성이 떨어지는 '은둔형 외톨이'가 되기도 합니다.

부모의 과도한 간섭과 통제도 아이들을 심리적으로 불안하게 만듭니다. 통제를 받고 자란 아이들은 부모의 기대치에 맞추느라 항상 부모 눈치를 봅니다. 건강한 관계란 서로 자유롭게 대화하고 믿는 관계인데, 그렇지 못했기에 아이들은 다른 사람들과의 관계를 어떻게 형성해야 할지 모릅니다. 즉, 인간관계의 왜곡이 나타나는 것이죠. 그 결과, 항상 남의 눈치를 보며 상대방의 인정에 목을 매게 되고, 이는 자신의 능력을 의심하고 가치를 낮게 평가하는 자아존중감 저하로 이어집니다.

아이의 마음을 치유하는 부모의 태도

부모 입장에서는 자녀에게 최선을 다하는 만큼 어느 정도 기대할 만도 합니다. 하지만 그런 높은 기대치에 부응하기 위해 마음 졸이고 약을 먹으며 시험을 보는 아이들의 스트레스가 당연하다고 여기고 그냥 지나칠 문제일까요?

오늘날 우리 사회는 '신경증'을 소비하는 세상이 되어버렸습니다. 학생이 공부하다 스트레스를 받으면 약을 먹고, 예민해지는 게 당연한 일이 되었습니다. 하지만 이런 현상을 그냥 두어서는 안 됩니다.

아이들에게 공부를 많이 시키지 말라는 것이 아닙니다. 다만 부모의 기대치를 조금 낮추자는 것입니다. 명문대를 나와도 사회성이 떨어지고 독립하지 못하는 아이들이 많은데, 대부분이 어릴 적에 이런 경험을 했기 때문입니다.

부모의 지나친 간섭과 통제는 아이가 자기 선택과 결정을 통해 스스로 선호를 발견하고 이해할 기회를 원천 차단합니다. 그 결과 아이는 자아정체성의 혼란을 겪고, 성인이 되어도 독립적으로 문제를 해결하지 못하는 의존적인 사람으로 남습니다.

오늘날 우리는 시험 한 번 못 봤다고, 시험 불안감을 이기지 못해 자살하는 아이들의 뉴스를 심심찮게 접합니다. 대한민국은 OECD 국가 중 청소년 자살률 1위라는 오명을 떠안고 있습니다. 이제는 이런 비극을 막아야 할 때입니다.

우리가 노력해야 아이들이 아프지 않습니다. 지금도 많은 아이들이 마음의 상처로 힘들어합니다. 아이들이 건강하게 성장할 수 있도록, 모두의 관심과 노력이 필요합니다.

0교시 골든타임

시험 불안은 학습 실력과 직접적인 관련이 없는 심리적 현상입니다. 단순히 '시험은 어렵다'라는 생각이 이러한 불안을 가져옵니다. 즉, 실력 부족으로 인한 불안이 아니라, 불안 그 자체가 시험 결과를 좌우하는 것입니다.

우리의 인생도 이와 비슷하지 않을까요? "인생은 본래 어렵고 힘든 것"이라고 미리 겁먹으면, 실제로 삶이 더 어렵게 다가옵니다. 반면에 "인생은 살 만한 것이고, 좋은 것"이며 "현재의 어려움은 모두 지나갈 것"이라는 긍정적인 마인드를 가진다면, 자녀들의 삶에서 조금이나마 불안감을 덜어낼 수 있지 않을까요?

이처럼 관점의 전환만으로도 우리와 아이들의 삶이 한결 밝아집니다.

3. 방황하는 아이들의 속마음

부모가 꼭 알아야 할 사춘기의 비밀

"우리 아이, 왜 갑자기 이상해진 걸까요? 하라는 건 안 하고 반항만 하네요." 세심히 들여다보면 사춘기의 징후들이 곳곳에 숨어 있습니다. 가족들과 함께 시간을 보내기보다 혼자 방에 틀어박혀 핸드폰만 들여다본다거나, 엄마와 대화를 나누다 갑자기 문을 꽝 닫고 들어가버리기도 하죠. 매일 보는 친구와 새벽까지 몇 시간씩 통화하더니, 이내 또 와서 깔깔거리면서 2시간씩 떠들기도 합니다. 도대체 우리 아이에게 무슨 일이 일어나는 걸까요?

지난 20여 년간 학생, 학부모 상담을 2만 번 이상 진행하면서 저는 중요한 사실 한 가지를 깨달았습니다. 어린 시절 부모의 심리적 지원이 물론 중요하지만, 그보다 "사춘기를 어떻게 보내느냐"가 아이의 성인기, 더 나아가 전 생애에 결정적인 영향을 미친다는 것입니다.

사춘기와 청소년기,
무엇이 다른가?

사춘기는 보통 11세에서 15세 사이에 찾아오지만, 요즘은 신체 성장이 빨라지면서 더 일찍 시작되기도 합니다. 단순히 외적인 변화 외에도 심리적으로 더 큰 변화를 겪는 사춘기 자녀들의 이야기와 이 시기가 왜 중요한지에 대해 사회학적 관점에서 살펴보겠습니다.

사춘기와 청소년기는 종종 엄밀하게 구분되지 않고 사용됩니다. 사춘기puberty는 라틴어로 "봄에 성장함"을 뜻하는 '푸베르타스'*pubertas*에서 왔습니다. 사춘기는 인간의 생물학적 변화, 즉 2차 성징이 나타나는 시기를 일컫습니다. 반면 청소년기adolescent는 사회심리학적 개념으로, 사회적으로 미숙한 '반쪽 어른'으로서의 시기를 뜻합니다.

청소년기는 인류 역사상 비교적 늦게 등장한 개념입니다. 17~18세기까지만 해도 지구상의 모든 나라가 노동력 확보를 위해 가능한 한 많은 아이를 낳고 빨리 결혼시키는 것이 당연했습니다. 하지만 산업혁명 이후 도시가 발달하고 공장과 회사가 생기면서 글자를 알고 계산할 줄 아는 인재가 필요해졌습니다. 이에 따라 공교육 제도가 도입되었고, 어른도 아이도 아닌 청소년이라는 개념이 만들어집니다. 18세기 후반부터 19세기에 걸쳐 공교육이라는 게 도입이 돼요. 가장 먼저 공교육제도를 수립한 나라는 1763년 프로이센이었고, 이어서 프랑스, 영국, 미국 등이 공교육을 도입합니다.

사춘기는 점점 빨라지고 있습니다. 한국의 경우 2010년 기준 여자아이의 초경 연령이 만 12세, 즉 초등학교 5~6학년에 시작됩니다. 그렇다면 청소년기는 언제까지일까요? 보통은 "대학 나와서 자기 밥벌이하면서 어른이 되면 끝날 것"이라고 말하지만 취업과 결혼 연령이 늦춰지면서 청소년기 역시 길어지고 있습니다. 요즘 부모들은 자녀가 어른이 될 때까지 최소 15년에서 20년 가까이 함께 가야 합니다. 그만큼 이 시기 부모와 자녀의 관계가 중요해진 것이죠.

뇌과학으로 읽는 사춘기의 지도

사춘기가 시작되면 몸의 변화는 물론 뇌의 변화도 일어납니다. 여자아이는 여성호르몬의 분비로 감정이 풍부해지고, 남자아이는 테스토스테론의 영향으로 활동적이고 충동적이게 됩니다.

또한 이 시기 뇌에서는 시냅스 가지치기synaptic pruning와 수

초화myelination가 일어납니다. 자주 사용하는 신경 회로는 강화하고, 잘 쓰지 않는 연결은 정리하면서 뇌는 효율성을 높입니다. 그리고 수초화를 통해 신경 전달 속도가 빨라지면서 복잡한 사고가 가능해지죠. 수초화란 신경 섬유에 절연체인 '수초막'이 생기는 과정을 말합니다. 마치 전선에 씌우는 플라스틱 절연피복과 같은 역할이죠. 이 수초막이 신경 섬유를 감싸면서 전기 신호의 전달 속도가 빨라지고, 보다 복잡하고 정교한 사고가 가능해집니다. 이는 마치 초고속 인터넷망이 깔리는 것과 같습니다.

이 과정은 사춘기로 끝나지 않고 20대 초반까지 이어집니다. 그래서 이 시기 아이들은 철학, 종교, 정치 등 추상적인 개념에 갑자기 관심을 보이기 시작합니다. 세상을 비판적으로 바라보게 되고, 많은 것에 의문을 제기하죠. 부모 입장에서는 당황스러울 수 있지만, 이는 아이의 사고력이 발달하고 있다는 증거이기도 합니다.

감정의 스펙트럼도 넓어집니다. 어릴 때는 좋고 싫음이 분명했다면, 이제는 복잡하고 미묘한 감정을 느끼게 됩니다. 6개 색상 크레용에서 갑자기 32색이 되는 거죠. 이런 변화에 아이 스스로도 당황하게 마련입니다. 어떤 아이는 이런 복잡한 감정을 억누르고 회피하려 들기도 하고, 어떤 아이는 오히려 감정에 휩싸여 통제력을 잃기도 합니다.

이처럼 사춘기에는 겉으로 드러나는 모습과 내면의 감정이 다를 수 있습니다. 친구들 앞에서와 가족 앞에서 아이의 모습이

확연히 달라지기도 하죠. 융 심리학에서는 이를 페르소나, 즉 가면이라고 표현합니다. 다양한 가면을 쓰는 것 자체가 문제는 아닙니다. 오히려 상황에 맞는 적절한 대처 방식을 배워가는 과정이라 할 수 있습니다.

혼돈 속 성장: 방황이 주는 긍정적 변화

요즘 아이들은 어른들보다 더 바쁘고 힘든 일상을 살아갑니다. 입시 경쟁은 갈수록 치열해지고, 좋은 대학에 가기 위해서는 높은 성적뿐만 아니라 예체능, 봉사활동 등 다방면에서 실력을 쌓아야 합니다. 이런 상황에서 공부에 흥미가 사라지거나 자신감을 잃은 아이들이 많습니다. 잘하는 아이들은 그들 나름대로 큰 스트레스와 불안감에 시달리고, 그렇지 않은 아이들은 무기력해지기 십상입니다.

물론, 아이들에게 "최소한의 공부"는 필요합니다. 학교생활 자체가 주는 사회성 학습의 기회도 놓쳐서는 안 되죠.

한편 사춘기 아이들이 보이는 게으름과 무기력은 모두 공부 때문만은 아닙니다. 이 시기의 아이들은 하고 싶은 일을 찾지 못해 방황하곤 합니다. 게임에 쉽게 빠지는 것도 같은 맥락에서 이해할 수 있습니다. 게임이 문제가 아니라, 그 외에 삶의 목표와 동기가 없다는 것이 핵심입니다.

그렇다고 부모가 아이의 미래를 대신 결정하려 해서는 안 됩니다. 사춘기에는 변수가 너무 많기 때문에 장기적인 계획보다는 단기적인 목표를 세우는 것이 좋습니다. '선수'가 되어 함께 뛰고 싶어 하는 부모, '감독'이 되어 모든 것을 통제하려는 부모도 있습니다. 하지만 가장 좋은 부모는 '응원단' 역할을 해야 합니다. 잘했을 때는 칭찬해주고, 실수했을 때는 위로해주는 것. 그것이 우리가 해야 할 일입니다. 아이가 작은 성취감이라도 맛볼 수 있게 도와주되, 부모의 불안이 자녀에게 전이되지 않도록 주의해야 합니다.

나이에 따라 부모와 아이의 역할도 변해야 합니다. 10살 이전에는 부모 80 대 아이 20, 초등학교 시절에는 50 대 50, 그 이후로는 단계적으로 부모의 개입을 줄여나가는 것이 좋습니다. 아이 스스로 결정하고 책임지는 연습을 해야 하기 때문입니다.

우리는 아이의 인생을 대신 살아줄 수 없습니다. 대신 아이의 선택을 존중하고, 어려움 속에서도 함께 버텨주는 든든한 지원군이 되어주어야 합니다. 사춘기를 겪는 자녀들에게 정답은 없습니다. 성장통을 겪으며 자신만의 길을 찾아갈 수밖에요. 때로는 넘어지고 때로는 돌아가겠죠. 그것이 성장의 과정입니다. 결국 부모에게 가장 필요한 것은 아이를 믿는 마음입니다. 아이가 잠시 넘어지고 깨질지라도, 포기하지 않고 다시 일어설 수 있다는 그런 믿음입니다.

무엇보다 부모 자신의 삶을 잃지 말아야 합니다. 아이에게 줄 수 있는 가장 큰 선물은 바로 부모가 행복하게 사는 모습이기 때문입니다. 스스로 꿈을 좇고 열정을 불태우는 부모의 뒷모습이 아이에겐 가장 큰 귀감이 될 것입니다.

0교시 골든타임

"하루하루 버티는 것으로도 충분히 잘하고 있는 거예요."

사춘기 아이들은 겉으로는 멀쩡해 보여도 깊은 상처를 안고 있을 수 있어요. 하지만 본인조차 그 아픔을 모를 때가 많죠. 지금 이 순간을 버텨내는 것만으로도 아이는 충분히 잘하고 있어요. 부모가 그 사실을 잊지 않고 아이의 존재 자체를 온전히 수용하는 것이 중요합니다.

4. 침묵하는 자녀의 속마음

부모가 알아야 할 회복의 신호들

"아이가 고3이라 이것저것 할 것도 많은데 아무것도 안 하고 잠만 자요. 왜 그러냐고 물어도 대답도 안 하고 저러고 있어요. 어떡해야 하죠?"

이런 고민을 하는 부모님이 많습니다. 자녀가 무기력해 보일 때, 원인을 찾기란 쉽지 않습니다. 심리학적 관점에서 무기력은 삶의 동력이 소진된 상태를 의미합니다. 사람들은 보통 자신의 관심사나 일상생활에서 해야 할 의무에 의욕을 느끼지만, 무기력에 빠진 사람들은 이러한 의욕과 흥미를 느끼지 못합니다.

무기력증은 일시적으로 삶의 의욕이 사라진 상태로, 게으름이나 정신적 질환과는 다른 하나의 신호입니다. 무기력증의 원인은 다양합니다.

침묵의 신호:
무기력이 말하는 것들

흔히 떠올리는 '무기력한 자녀'의 이미지가 있지요? 학교 갔다 오면 가방을 던져놓고 누워서 멍하니 있는 모습, 또는 자기 방에서 나오지 않고 혼자 있는 모습이 생각날 것입니다. 반면, 옆집 엄친아는 학교도 잘 다니고, 학원에서 열심히 공부하며 바쁜 일상을 보내는데, 이런 아이들에게는 무기력함이 없을까요? 겉으로 부지런히 살더라도 무기력에 시달리는 경우는 생각보다 많습니다. 직장에 다니는 부모님이나 스터디 카페에서 수능을 준비하는 학생들도 마찬가지이지요. 바쁘게 살아가지만, 실제로는 아무것도 제대로 하지 못하는 경우가 많습니다.

그렇다면 우리 자녀는 왜 무기력해질까요? 보통은 자신이 처한 상황을 통제할 수 없다고 느낄 때 무기력에 빠지게 됩니다. 이러한 무기력은 실패 경험이 반복될수록 더욱 깊어집니다. 특히 자신이 통제할 수 없는 상황에 계속 노출되어 아무리 노력해도 결과가 바뀌지 않는다고 느낄 때, '학습된 무기력'을 경험하게 됩니다.

이와 관련된 흥미로운 실험이 있습니다. 벼룩은 자신의 몸길이의 137배나 뛸 수 있지만, 병에 가두면 병 높이만큼만 뛰게 됩니다. 나중에는 병을 치워도 그 높이 이상으로 뛰지 못합니다. 서커스에서 말뚝에 묶인 코끼리도 어릴 때부터 무기력을 학습했기 때문에 도망갈 생각조차 하지 못합니다.

동물뿐만 아니라 인간도 무기력을 배울 수 있습니다. 사회심리학자 로터는 "사람은 스스로 통제할 수 없다고 믿으면 무기력에 빠진다"고 했습니다. 이는 행동이 사회적 경험을 통해 학습된다는 '사회적 학습이론'과 관련이 있습니다.

부모님들은 자녀가 무기력해진 '시작점'을 생각해보셔야 합니다. 자녀들이 느끼는 무기력의 시작은 종종 '반복되는 실패'에서 비롯됩니다. 예를 들어, 열심히 공부했지만 원하는 결과가 나오지 않거나, 취업을 준비하는 데 계속해서 실패를 경험하게 될 때, 그들은 자신의 노력에 회의감을 느낍니다.

학습된 무기력은 미궁과 같다

이런 '학습된 무기력'이 위험한 이유는 '시도 자체'를 포기하게 만들기 때문입니다. 몇 번의 실패를 경험하면, 더 이상 시도조차 하지 않게 됩니다.

그렇다면 어떻게 '무기력'에서 벗어날 수 있을까요? 이 과정을 '미궁'에 비유해보겠습니다. 미궁은 얼핏 미로와 비슷하지만, 구조가 다릅니다. 미로는 출구와 입구가 달라 길을 잃게 만들지만, 미궁은 인내심을 가지고 걸으면 반드시 출구와 만나게 됩니다.

조급해하지 말고 자신의 속도로 걸음을 옮기는 것이 중요합니다. 꾸준히 걸어가면 결국 빠져나올 수 있지만, 미궁 안에 지름길은 없다는 것을 기억해야 합니다.

회복의 열쇠:
내면에서 찾는 동기의 힘

그럼 무기력의 미궁을 벗어나기 위한 단초는 무엇일까요? 중요한 것은 '동기를 회복하는 것'입니다. 자녀 스스로 에너지원이 될 목표를 찾아야 합니다.

여기서 유의할 점은, 그 목표가 '수능에서 1등급을 받는 것'이나 '좋은 회사에 취업하는 것'이 되어서는 안 된다는 것입니다. 외적 보상은 일시적인 기쁨을 줄 수 있지만, 결국 다시 무기력에 빠지게 합니다.

진정한 목표는 내면의 성장을 이끌어내는 것이어야 합니다. 좋은 대학에 합격한 후에도 자신이 모르던 지식을 알게 되고, 그 과정에서 성찰하며 만족감을 얻는 과정이 중요합니다.

하지만 많은 자녀가 목표를 너무 거창하게 설정하여 시도조차 하길 두려워합니다. 목표는 멀리 있는 것이 아니라 사소한 것에서부터 시작해야 합니다. 예를 들어, 어제는 방에만 있었던 자녀가 오늘은 가족과 함께 식사를 하는 것부터 시작할 수 있습니다.

대학 합격이나 취업은 인생의 종착역이 아니라 하나의 길목에 불과합니다.

우리는 저마다의 이유로 '무기력'에 빠집니다. 내가 원하는 것을 알지 못한 채 상황을 급하게 대처하며 살다가 무기력해지기도 하고, 감정을 무시하거나 남의 이야기에 휘둘리다 무기력해지기도 합니다. 또한, 완벽한 삶을 추구하다 시작 자체가 어렵게 느껴져 무기력해지기도 합니다. 원인은 다양하지만, 공통된 핵심은 '있는 그대로의 나'를 보지 못하는 것입니다.

지금도 자녀가 '무기력'에 빠져 있다면, 자신이 거대한 '미궁'에 있다고 생각해보세요. 현재 위치를 가늠하고, 잠시 숨을 고르며 자신이 어디에 있는지를 확인하세요. 외적 보상만 바라보지 말고, 자신만의 의미 있는 목표 지점을 정한 후 한 걸음 한 걸음 나아가면 됩니다. 앞으로 나아갈 수 있다면, 당장 내일은 아니더라도 '무기력'이라는 이 '미궁'에서 반드시 빠져나갈 수 있습니다.

0교시 골든타임

부모와 자녀가 함께 만들어가야 하는 것이 바로 '공감'입니다.

부모도 성장하는 존재예요. 후회되는 순간들이 있기 마련이죠. 하지만 지금이라도 아이를 진심으로 응원하고 싶다는 마음을 전하는 것이 필요해요. 부모 역시 애쓰고 있다는 것을 아이가 알아주길 바라는 마음도 전해주세요. 부모와 자녀가 서로 이해하고 공감하려 노력할 때 관계는 더 깊어질 수 있습니다.

"미안하다. 네가 힘들 때 제대로 된 응원과 지지를 해주지 못했구나. 사실 엄마, 아빠도 어떻게 해야 할지 몰라 막막했어. 부모로서 해야 할 일을 제대로 하지 못했다는 생각에 우리도 화가 났던 것 같아. 그래서 견디기 힘들었나 봐. 지금부터라도 너를 진심으로 응원하고 싶어. 우리의 부족했던 모습을 조금만 이해해 줄 수 있을까?"

5. 뇌과학으로 풀어낸 아들의 마음

지난 20년간 수많은 초중고 학생들, 그리고 재수생들을 상담하면서 그들의 공부, 진로, 심리에 관해 깊이 있는 대화를 나눴습니다. 그 과정에서 한 가지 특이한 점을 발견했는데, 바로 "아들을 키우는 부모님들이 정말 힘들어한다"라는 사실이었습니다. 저 역시 아들 둘을 키우는 아버지로서 그 심정을 충분히 공감할 수 있었죠.

요즘 자녀 교육 관련 책이나 미디어에서도 "아들 육아"에 대한 콘텐츠가 큰 인기를 끌고 있습니다. 그만큼 아들 키우기가 쉽지 않다는 방증이기도 할 텐데요. 특히 엄마들은 여자이고 아들은 남자이기에, 도무지 납득하기 어려운 아들의 말과 행동에 종종 당황하곤 합니다. 더욱이 요즘 아이들은 신체 발달이 빨라지고 외부 환경의 영향도 크다 보니, "아들 키우기 너무 어려워요. 어떻게 해야 하죠?"라는 고민을 호소하는 분들이 크게 늘었습니다.

5살 정도만 돼도 엄마 말은 안 듣고 제멋대로 행동하는 건 기본이고, 형제끼리 싸우는 걸 보면 마치 종합격투기를 방불케 합니다. 집어 던지고 발로 차는 모습에 엄마는 속이 타들어가면서도 다칠까 봐 가슴을 졸입니다.

그렇다면 남자아이와 여자아이를 키우는 육아법에 어떤 차이가 있는 걸까요? 그리고 아들을 키우는 부모는 자녀의 어떤 행동에 주목해야 할까요? 이 궁금증들을 하나씩 풀어가 보겠습니다.

아들이 다른 이유: 테스토스테론

남자아이는 호르몬 분비에서부터 차이를 보입니다. 남성성의 핵심 동력, 테스토스테론이라는 호르몬이 있습니다. 남성의 생식기 발달과 2차 성징에 관여하는데요, 재미있는 사실은 태아가 엄마 뱃속에 있을 때 2개월까지는 모두 여자아이로 있다가 10주쯤 되어서야 성호르몬이 분비되기 시작한다는 점입니다. 이후 남자아이는 여자아이보다 월등히 많은 양의 테스토스테론을 분비하는데, 이는 우뇌의 성장을 촉진하는 역할을 합니다. 우뇌는 공간 인지 능력을 담당하는 부위로, 남자들이 방향감각이나 입체 구성 능력이 뛰어난 이유이기도 하죠.

테스토스테론과 남자아이의 행동 특성 간의 연관성을 보여주는 흥미로운 실험이 있습니다. 원숭이 무리 내에서 가장 하위 계급에 있던 수컷에게 테스토스테론을 주입했더니, 상위 계급의 원숭이에게 돌연 싸움을 걸더라는 것이죠. 게다가 30분 만에 무리의 우두머리마저 누르고 새 리더가 되었다고 합니다. 이처럼 테스토스테론은 남성에게 경쟁심과 성취욕 그리고 공격성을 부추기는 호르몬입니다.

6살 아들이라면 이제 레고 블록은 시들해하고 장난감 로봇에 푹 빠질 시기입니다. 그런데 어느 순간 로봇을 분해하기 시작합니다. 로봇뿐 아니라 시계, 아빠 노트북까지 뜯어보려 드는데요. 분해하고 나면 한동안 멍하니 있다가, 이번엔 컴퓨터 게임에 열중하면서 엄마도 모르는 '욕'을 내뱉습니다.

엄마 입장에선 옆집 여자아이와는 완전히 다른 아들의 모습에 당황스러울 수밖에 없겠죠. 하지만 이런 행동들이 모두 테스토스테론 때문이라는 사실! 테스토스테론은 강렬한 집중력과 몰입을 유발하고, 경쟁심과 성취욕을 자극하기에 아들은 로봇을 부수고 또 게임에 빠지는 것입니다.

작은 공학자에서 게임마니아까지, 아들의 뇌는 지금

아들의 두뇌 구조 역시 여아와는 사뭇 다릅니다. 남자아이의 전두엽은 여자아이에 비해 발달이 늦어요. 뇌의 전두엽은 충동을 조절하고, 사회적 행동을 조화롭게 하며, 감정을 관장하는 일종의 컨트롤 타워인데요. 이 부분이 덜 발달한 남자아이들은 감정과 행동 조절에 서툴 수밖에 없습니다. 8살 남자아이의 감정 조절 및 공감 능력이 5살 여자아이만 못하다는 연구 결과가 이를 뒷받침하죠.

아들의 시상하부는 여아에 비해 넓은 부분을 차지하는데요, 그 결과 욕구를 더 강렬하게 느끼고 오래 지속하는 경향이 있습니다. 그러니 한 번 점화된 아들의 욕구를 억누르기란 여간 어려운 게 아니에요. 엄마 입장에선 고집을 부린다고 느껴질 수 있겠지만, 아들로서는 욕구를 스스로 제어하기가 버거운 것이죠.

또 한 가지 재미난 사실은 남자아이의 좌우 대뇌를 잇는 신경다발인 뇌량이 여자아이보다 가늘고 길다는 점입니다. 그 탓에 정서를 담당하는 우뇌에서 언어 중추인 좌뇌로의 정보 전달이 느려요. 아들이 감정표현이 서툴고 무뚝뚝해 보이는 이유가 여기에 있습니다. 엄마 입장에선 "우리 아들은 나를 사랑하지 않는 걸까?" 하고 섭섭해할 수 있겠지만, 사실 아들은 느끼는 감정을 말로 옮기는 데 어려움을 겪는 것뿐이에요.

마지막으로 아들의 두뇌는 좌뇌보다 우뇌 쪽으로 발달하는 특징이 있습니다. 이는 예술적 감각, 통합적 사고, 공간 지각력 등을 담당하는 부위인데요. 때문에 우뇌가 발달한 아들들은 몸을 움직이고 직접 만지며 탐구하는 방식으로 세상을 배웁니다.

이론보다는 실천이, 말보다는 행동이 앞서는 거죠. 이렇듯 호르몬부터 뇌의 구조와 발달 과정까지, 남자아이와 여자아이 사이엔 분명한 차이가 존재합니다.

아들의 심리를 알면 소통의 실마리가 보인다

남자아이들은 한 번에 여러 일을 동시에 수행하는 데 서툽니다. 또 청각보다는 시각 자극에 더 잘 반응하죠. 그러니 엄마가 목소리를 높여 다그친다고 해서 아들이 말을 더 잘 듣진 않아요. 오히려 시선을 맞추며 간결하고 분명한 메시지를 전달하는 것이 효과적입니다. 아들의 뇌는 눈앞의 자극에 더 집중하거든요.

또한 아들과 대화할 땐 충분한 시간을 갖고 끝까지 귀 기울여 주세요. 언어 구사력이 좀 떨어지는 아들일수록 말을 정리하는 데 시간이 걸릴 테니까요. 성급하게 결론 내리지 말고 아들이 스스로 생각을 표현할 수 있도록 인내해주세요.

그리고 아들에게는 이렇게 말하는 것을 주의해야 합니다.

첫째, "야, 너는 그것도 못 해? 매번 똑같아!" 아들이 해야 할 일을 못 했다고 다그치는 건 금물입니다. 고의가 아닌 깜빡 잊어서 일 수도 있거든요. 잔소리보다는 구체적으로 "무엇을 어떻게 해야 하는지" 차분히 알려주면 좋습니다.

둘째, "도대체 몇 번을 말했어? 너 정말 멍청하구나!" 모욕적인 말을 듣는 순간, 아이의 상처는 깊어지고 자존감은 곤두박질 칩니다. 잘못을 지적할 때는 행동에 초점을 맞추고, 아이의 인격은 건드리지 마세요.

셋째, "네가 가지고 놀았으면 스스로 치워! 맨날 엄마 귀찮게 해!" 엄마가 평상시의 말투가 아닌 흥분된 목소리로 꾸중을 반복하면 아이는 자기 잘못을 알면서도 엄마에 대한 원망이 쌓여 갑니다. 감정적 훈육보다는 단호하고 냉정한 어조로, "장난감은 여기에다 치우고, 책상은 이렇게 치우면 깨끗해지겠네"라고 짧게 지시하는 것이 효과적입니다.

넷째, "계속 이러면 여기 두고 엄마 혼자 갈 거야!" 모르는 사람에 대한 공포심을 조장하며 아이를 위협하는 건 좋은 방법이 아닙니다. 부모에 대한 불신만 키울 뿐이거든요. 현실적이고 합리적인 규칙을 세워 일관되게 지키는 것이 더 나은 선택입니다.

다섯째, "제발 그만하고 어서 집에 가자! 쓸데없는 짓 좀 작작해!" 높이 오르고, 깊이 파고드는 일, 벌레를 관찰하는 것까지. 엄마로서는 아슬아슬해 보이는 탐험일지 몰라도 아들에겐 없어서는 안 될 성장의 기회입니다. 무조건 말리기보다는 안전 수칙을 알려주고 지켜보는 게 어떨까요?

훈육에 있어 공통적으로 가장 중요한 것은, 과거의 잘못은 언급하지 말고 지금 이 순간에 집중하는 것입니다. 눈을 맞추고 짧고 강하게, 핵심만 말하세요.

아들 육아의 핵심,
이것만은 꼭 기억하세요!

이 모든 것이 하루아침에, 한 가지 방식으로 되는 건 아닙니다. 가정환경, 아이의 기질, 부모의 성향에 따라 저마다 다른 노력이 필요할 거예요. 하지만 아들의 이런 특성을 이해하고 실천한다면, 조금은 수월해질 것입니다. 지금 힘들어하는 순간들이 있기에 아들이 더 튼튼하게 성장할 수 있습니다. 아들의 마음을 읽으려 노력하는 부모님의 사랑이 분명 아들에게 전해질 것입니다.

0교시 골든타임

"넌 엄마가 어떻게 해야 행복하니?"

진정한 소통은 듣는 것에서 시작합니다. 부모가 먼저 물어보세요. 우리 아이가 행복해지는 길이 무엇인지, 아이가 원하는 것이 무엇인지 귀 기울여 들어주세요. 부모의 진심 어린 질문 하나면 아이의 마음이 열리는 데 충분합니다.

6. 내향적인 아이들이 세상을 바꾸는 방법

혹시 자녀의 내성적인 성향 때문에 걱정이 되시나요? 그리고 이런 아이의 모습을 인정하기 싫으신가요? 외향적인 아이가 또래에서 인기도 많고 운동도 잘하며 발표도 잘하고 인사성도 밝은 모습을 보면서 내성적인 자녀를 외향적으로 바꾸려고 애쓰신 적이 있으신가요?

부모님들 중에는 "우리 아이는 학교에서 왜 말을 안 할까", "우리 아이는 누굴 만나면 인사하는 것이 왜 어려울까?", "우리 아이는 자기 방에서 왜 혼자 있는 것을 좋아할까?" 하며 고민하신 적이 있을 것입니다.

자녀가 초등학교, 중학교, 고등학교 시기를 거치면서 내성적인 성향을 보일 때면, 부모 입장에서는 안타깝고 답답한 마음이

들기도 합니다. 육아 관련 유튜브나 여러 책에서 외향적인 아이로 키워야 한다는 우리 사회의 고정관념 때문일 수 있습니다. 내성적인 자녀에게 큰 결점이라도 있는 것처럼 여기는 사회 분위기도 한몫합니다.

편견을 뒤집는 내향성의 재발견

그러나 우리가 기억해야 할 점은 외향성과 내향성은 단순히 좋고 나쁘거나, 어느 것이 다른 것보다 우월하지도, 열등하지도 않다는 것입니다. 둘 중에 어떤 것을 이상적인 성격으로 규정지을 수도 없습니다.

20년간의 상담 현장에서 마주한 한 사례를 들려드리겠습니다. 외향적인 형제들 사이에서 유독 내성적인 막내 아들이 걱정된다는 부모님이 있었습니다. 막내 아들은 혼자 책을 읽고 영화 보는 것을 좋아하며, 친구는 한 명뿐이고 그 친구와만 노는 모습을 보였습니다. 부모님은 아들이 좀 더 활발해지길 바랐지만, 오히려 그 기대가 아이에게는 불편함과 불안감으로 다가왔습니다.

아이에게 사교적인 친구들의 모습을 따라해보라고 했더니, 억지로 활발해 보이려고 했지만 스트레스만 커졌다고 털어놓았습니다. 결국 아이는 자신의 타고난 성향과 다르게 행동하는 것이 편치 않았다고 고백했습니다. 이는 자녀의 본래 성향을 무시하고, 사회적으로 정해진 틀에 자녀를 맞추려는 시도가 얼마나 무모한지 보여줍니다.

내향적인 성격의 장점

스위스의 정신과 의사 칼 융은 외향성과 내향성이 인간 성격을 결정하는 두 가지 기본 태도이며, 모든 사람은 내향성과 외향성의 '양면'을 가지고 있다고 했습니다. 다만 둘 중 하나가 더 우세하게 나타날 뿐이죠. 외향적인 사람들은 외부 세계와의 상호작용을 통해 에너지를 얻고, 내향적인 사람들은 자기만의 내적 세계에서 활력을 충전합니다. 내성적인 사람들은 예술적 감수성이 뛰어나고, 사색을 좋아하며, 차분하게 사고한 후 행동에 옮기는 특징을 가지고 있습니다. 이들은 부드러운 리더십을 발휘하며, 집중력이 뛰어나고, 사람들의 의견을 잘 듣습니다.

전 세계 인구의 절반가량이 내향인입니다. 통계에 따르면 미국인의 약 30~50%가 내성적입니다. 내성적인 성향은 주위 사람들에게 피해를 거의 주지 않습니다. 이들은 자신의 감정을 잘 드러내지 않아, 다른 이들을 상처 입힐 가능성이 적습니다. 또한, 내성적인 아이는 상대방에게 맞춰 적절한 대화를 시도하므로, 상대방이 불쾌할 일이 거의 없습니다.

내향인도 필요할 때는 발표를 잘하고, 리더십을 발휘하며, 모임에서 적극적으로 말합니다. 이는 그들이 갑자기 외향적으로 변한 것이 아니라, '외향성 가면'을 잠시 쓰고 있는 것입니다. 심리학에서는 이를 '자유 특성'이라고 부릅니다. 중요한 프로젝트나 상황에서 원래 성격과 다른 행동을 하는 것은 매우 자연스러운 일입니다. 그러나 이러한 '사회적 가면'을 무리하게 계속 유지하는 것은 피곤한 일입니다.

내성적인 아이들은 감정을 겉으로 드러내기보다는 한 번 더 이해하려 노력하고, 타인을 세심히 관찰하며 귀 기울여 듣습니다. 이들의 장점은 감정 표현이 섬세하고 내면의 깊이가 있다는 점입니다. 상황적 적응력을 발휘하여 외향적인 행동을 한 후에는 많은 에너지가 소모되었으므로, 반드시 '회복 환경'에서 쉬어야 합니다.

이러한 회복 환경은 자신만의 안전기지로, 조용한 공원에서의 여유로운 산책이나 음악 감상, 독서와 같은 고요한 활동을 통해 형성됩니다. 때로는 침대에 누워 멍하니 천장을 바라보는 것처럼 겉보기에 무의미해 보이는 시간도 필요합니다. 부모는 이러한 재충전의 시간을 '게으름'이나 '시간 낭비'로 오해하지 말고, 자녀가 자신만의 방식으로 에너지를 회복할 수 있도록 따뜻한 배려와 이해를 보여주어야 합니다.

사회적으로 외향성이 선호되면서, 부모들이 자녀를 그 틀에 억지로 맞추려는 경우가 있습니다. 그러나 자유 특성을 넘어 자녀의 타고난 내성적 성격을 억압하는 것은 결국 자녀를 불행하게 만들 수 있습니다. 내향성의 장점을 인정하고 존중하는 것이 중요합니다.

통계로 입증된 내향성의 성공방정식

버지니아대 심리학 연구진이 미국 내 13세 청소년 184명의 성장 과정을 10년간 추적 관찰한 장기 실험 결과, 어린 시절 과묵하고 소심했던 이른바 내성적이라고 여겨졌던 아이가 성인이 되어 사회에 나갔을 때 성공할 가능성이 더 높다는 사실이 밝혀졌습니다. 내성적인 청소년들은 23세가 되었을 때 대부분 자기 분야에서 일정한 성취를 이룬 반면, 학창 시절 대인관계가 활발하고 인기가 많았던 학생들은 실직 상태인 경우가 많았습니다.

이 연구는 학교 다닐 때 대인관계가 부족하고 조용히 혼자 음악, 컴퓨터, 독서 같은 특정 분야에 몰두하는 학생들이 사회에 부적응할 것이라는 통념을 뒤집는 놀라운 결과입니다. 반면 학창 시절 인기가 많고 대인관계 형성에 적극적인 외향적인 학생들은 이른 나이에 어른 세계를 무분별하게 받아들이는 경우가 많아 흡연, 음주, 폭력 같은 부작용에 노출되기 쉽고, 나아가 친구를 왕따시키는 등 반사회적 집단 형성에 가담하여 20대를 망치는 경우도 있습니다.

반면 법의 테두리 안에서 자신만의 확고한 세계를 가진 자녀는 이런 흔들림에 좌우되지 않고 꾸준히 자신의 목표를 향해 나아갑니다. 내성적인 아이들이 부모의 현명한 관심을 받는다면 성공할 가능성이 더 높다는 사실을 기억하시기 바랍니다.

지금 세상에서 '착함'은 매력 없는 사람으로, '배려'는 자신감 없는 사람으로, '내성적인 성격'은 무능력한 것으로 치부되곤 합니다. 하지만 이는 모두 편견입니다. 겉으로는 조용해 보여도, 다정하고 상냥한 성격은 사람의 마음을 움직이는 특별한 힘을 지닙니다. 마치 귀엽고 여린 어린아이나 강아지를 보면 우리의 마음이 무장해제되는 것처럼 말이죠. 부모는 자녀의 내성적인 성향이 지닌 수많은 장점을 보호하고 지켜주어야 합니다.

그러므로 자녀가 내성적인 성향을 가지고 있다는 이유로 불안해하기보다는, 그들이 가진 고유한 장점을 인정하고 응원해주세요. 내성적인 아이들은 조용하지만 깊은 사고와 따뜻한 마음을 지닌 소중한 존재입니다. 그들이 자기만의 방식으로 세상과 소통하고 성장할 수 있도록 지지해주는 것이 부모의 사랑이자 역할입니다. 그들의 독특한 재능과 조용한 힘이 세상을 더 아름답고 풍요롭게 만들 것입니다.

0교시 골든타임

“네가 정말 노력하고 있다는 걸 우리는 알아. 네가 어떤 길을 가든, 어떤 선택을 하든, 우리는 항상 네 편이야. 넌 우리의 자랑이고, 우리의 전부란다. 넌 최고로 행복할 거야.”

우리 아이를 바라볼 때 사회의 편협한 기준이 아닌, 아이만의 고유한 눈금으로 읽어주세요. 그들의 속도와 방식을 인정하고, 작은 시도와 변화마저 귀하게 바라봐주세요. 때론 서투르고 느릴지라도, 그것이 바로 성장의 증거이니까요. 부모의 한결같은 신뢰와 무조건적인 지지야말로 아이의 마음속에 심을 수 있는 가장 강력한 성장의 씨앗입니다.

2부

디지털 네이티브,
아이의 세상을 들여다보다

1. "엄마, 친구가 '좋아요'를 안 눌러"

미국 조지아주에서 충격적인 사건이 발생했습니다. 한 10대 여학생이 아버지의 고급 승용차를 몰며 실시간으로 SNS를 통해 친구들에게 속도를 자랑하다 대형 교통사고를 냈던 것입니다. 이 사고로 평생 장애를 안게 된 피해자는 가해 여학생과 메신저 앱 '스냅챗'을 상대로 소송을 제기했습니다.

가해자인 맥기는 아버지 소유의 메르세데스 벤츠 C230을 운전하던 중 법정 제한 속도(89km)를 훌쩍 넘기고 시속 107마일(172km)로 우버 기사 메이너드의 차를 들이받았습니다. 당시 맥기는 운전과 동시에 스냅챗의 '스피드 필터' 기능을 사용 중이었는데, 이는 스냅챗으로 사진을 찍으면 피사체의 움직임과 속도가 자동 기록되는 기능이었습니다. 사고 직전 맥기의 스피드 필터에 찍힌 최고 시속은 무려 113마일(182km)이었습니다. 맥기는 사고 직후 병원에 실려 가서도 "살아 있어서 다행"이라며 피를 흘리는 '셀카'를 찍어 올렸습니다.

'좋아요'는 현대판 마약

최근 페이스북을 비롯한 SNS에서는 관심을 받기 위해 도를 넘은 엽기적 행동으로 사회적 물의를 일으키는 사용자들이 급증하고 있습니다. "'좋아요' 몇만 개를 받으면 생쥐를 먹겠다"라는 식의 황당한 약속을 내건 뒤 실제로 행동에 옮기는 경우도 있습니다. 심지어 자동차 바퀴에 다리가 깔리는 영상을 올리거나, 불법적이고 위험한 행동을 서슴지 않고 실행에 옮깁니다.

한 청소년 상담사는 이렇게 말합니다. "지난주 상담한 15세 소년은 'SNS에서 인기를 얻기 위해 옥상 난간에 서서 찍은 셀카를 올렸다'고 했어요. 그 아이의 말이 아직도 귓가에 맴돕니다. '선생님, 저는 그저 관심받고 싶었어요.'"

대부분은 이런 행태를 보고 '관심종자'라 비난하지만, 역설적으로 '인스타스타'라며 맹목적으로 추종하는 이들도 급증하고 있습니다. 친구 관계가 중요해지면 또래의 인정을 얻기 위해 위험과 불이익도 마다하지 않습니다. 성인이 되고 나서는 이성의 관심을 끌거나 직장 상사에게 인정받고자 다양한 방법을 동원하기도 합니다.

이런 청소년들의 극단적 행동은 '공감'이 결여된 사회 분위기에서 비롯된 현상입니다. SNS에서 인기를 얻으면 사회적 영향력도 커진다는 착각에 빠져, 점점 더 자극적이고 선정적인 콘텐츠로 경쟁하게 되는 것입니다.

SNS상에서 존재감을 드러내 인정받고 싶은 욕구가 위험한 상황을 만들어내고 있습니다. 요즘 아이들에게 SNS 사진 촬영은 일상이 되었고, '좋아요' 몇 개를 더 받기 위해 자극적인 콘텐츠 제작에 빠져듭니다. 관심을 끌 만한 사진을 찍는 데 집착하고, 심지어 인스타그램에 올리기 위해 실제로는 즐기지도 않는 운동이나 명품을 과시하기도 합니다.

그런데 왜 '좋아요'라는 클릭 하나가 이토록 강력한 만족감을 주는 것일까요? 트위터, 페이스북, 인스타그램 등에서 활동하며 '좋아요'를 통해 타인의 관심과 인정을 확인하면, 뇌는 도파민을 분비하고 우리는 이것을 쾌감으로 인식합니다. 이후 같은 수준의 쾌감을 얻기 위해서는 더 많은 사람의 인정을 얻어야 합니다. 이것이 바로 SNS 활동에 깊이 빠져드는 이유입니다.

문제는 타인의 인정 기준이 상대적이고 가변적이라는 점입니다. 오늘 나를 인정해준 사람이 내일은 그 인정을 철회할 수도 있습니다. 타인의 평가에 지나치게 의존하는 이들은 결국 불행해지는 길로 갑니다.

인정받고 싶은 마음, 우리 아이의 본능이다

사회적 동물인 인간은 공동체에 소속되어 타인과 교류하며 살아갑니다. 당당한 구성원이 되기 위해서는 자신의 능력과 가치를 인정받아야 합니다. 특히 호모 사피엔스는 무기력한 생명체로 태어나 오랜 기간 보호자의 도움을 필요로 하는 종이기에, 뇌에 인정 욕구를 '본능'으로 각인한 채 태어납니다. 정신의학자 알프레드 아들러는 "모든 아이는 인정받고 싶어 하는 참을 수 없는 욕구를 지니며, 어떤 아이도 이런 욕망 없이는 성장할 수 없다"라는 말로 이를 설명합니다.

사실 아이들은 부모에게 인정받기 위해 내적 동기 없이 공부에 매달리는 것이 현실입니다. 그렇게 인정받아야만 자신을 긍정해준다고 믿기 때문입니다. 아이들이 바라는 소통의 의미도 어른과 다르지 않습니다. 대화든 비언어적 교감이든, 모든 인간은 소통을 통해 타인에게 인정받기를 원하는 것입니다. 타인의 인정에 대한 갈망은 타고난 인간의 본성이지만, 현대사회에서 이는 과잉 상태로 치닫고 있습니다.

한 중학생 어머니는 이렇게 털어놓았습니다. "제 아이는 인스타그램 팔로워가 100명 늘 때마다 제게 자랑합니다. 마치 시험 점수가 올랐다고 말하는 것처럼요. 이게 정상일까요?"

특히 청소년기에는 부모, 선생님, 또래의 관심과 애정이 무엇보다 소중하고 달콤하게 느껴집니다. 이 시기의 아이들은 사랑

받는 경험을 할수록 더 갈구하게 됩니다.

이처럼 반드시 충족되어야 할 욕구가 제대로 채워지지 않으면, 문제가 발생하기 마련입니다. 예를 들어 SNS에 빠진 아이들은 자신의 일상을 과장되게 포장하거나, 무리한 행동으로 인기를 얻으려 합니다. 자신의 일거수일투족을 SNS에 공유하며 '좋아요'나 '댓글'에 목을 맵니다.

이는 입시를 앞둔 고3 학생들도 마찬가지입니다. 성적은 좋지 않고 부모와도 마음을 나누기 어려운 상황에서, 인정받고 싶은 본능적 욕구는 더욱 커집니다. 학교나 가정에서 충분한 인정을 받지 못하는 아이들이 SNS나 게임에 빠져드는 것은 어쩌면 자연스러운 결과일 수 있습니다.

결국 이 모든 행동은 '남에게 보여지는 나'를 의식한 결과입니다. 특히 자존감이 낮은 아이들일수록 더 그렇습니다. 그런데 이렇게 타인에게 인정받고 싶어 하는 아이들이 자칫 깊은 우울증에 빠질 수 있다는 사실을 알고 계십니까? 부모라면 결코 간과해서는 안 될 문제입니다.

부모의 진심 어린 10분의 관심이 '좋아요' 100개보다 더 강력하다

아이에게는 존중의 말과 경청이 필요합니다. 먼저 아이의 감정과 생각을 인정하는 '공감의 말'을 건네야 합니다. 아이는 그 과정에서 위로와 공감을 배우고, 정서적으로 건강한 사람으로 성장합니다.

한 초등학교 교사는 이런 의미 있는 경험을 들려주었습니다. "3학년 한 학생이 분수 문제를 풀지 못해 고개를 숙이고 훌쩍이고 있었어요. 처음에는 저도 모르게 '울지 말고 다시 한번 해보자'라고 다그치듯 말했죠. 하지만 아이는 더 움츠러들며 눈물을 터뜨렸어요. 그때 문득 제가 틀렸다는 걸 깨달았습니다. 아이의 눈높이에 맞춰 무릎을 굽히고 앉아 '수학이 어려워서 많이 속상했구나. 선생님도 어릴 때 분수가 너무 어려워서 혼자 울었던 적이 있어'라고 진심을 담아 말했더니, 아이가 울음을 멈추고 놀란 듯 저를 바라봤어요. 그렇게 서로의 마음을 나누고 나니 불안해하던 아이의 표정이 한결 편안해졌고, 우리는 차근차근 문제를 함께 풀어나갔습니다. 시간이 지날수록 아이는 조금씩 자신감을 되찾았고, 학기가 끝날 무렵에는 수학 시간을 기다릴 만큼 달라졌답니다."

"그렇게 들떠서 공부가 되겠어!"가 아니라 "맞아. 공부는 엉덩이로 하는 건데, 처음에는 힘들 수 있어. 우리 함께 천천히 연습해보자"라며 아이의 결점과 한계 대신 장점과 가능성에 주목하는 격려의 말은 아이 스스로 용기와 자신감을 갖고 변화할 수 있게 돕습니다.

가장 중요한 사실은 지금 우리 아이들이 외로움을 느낀다는 것입니다. 관심과 사랑에 목말라 한다는 뜻입니다. 그 목마름만 해소해주면 첫 단추는 끼운 셈입니다. 사실 아이들이 진정 바라는 "좋아요"라는 인정은 부모에게서 받고 싶은 것입니다.

한 청소년 상담 전문가는 이렇게 조언합니다. "아이와 매일 10분씩이라도 진심 어린 대화를 나누세요. 그 시간 동안 스마트폰을 내려놓고 아이의 눈을 바라보며 이야기를 들어주세요. 그것이 아이를 SNS 중독에서 구해낼 수 있는 가장 강력한 방법입니다."

우리 아이들에게 진정으로 필요한 것은 '좋아요'가 아닙니다. 부모의 따뜻한 관심과 사랑, 그리고 진정한 소통입니다. 그러니 무엇보다 아이와 많은 대화를 나누어보십시오. 아이의 관심사가 무엇인지, 좋아하고 싫어하는 것은 무엇인지, 내가 아이에게 어떤 부모로 비치는지, 아이의 생각과 고민은 무엇인지, 절친은 누구인지 등을 끈기있게 물어보십시오. 자녀의 사소한 이야기에도 귀 기울일 줄 아는 현명한 부모야말로 이 시대가 요구하는 최고의 부모상 아닐까요.

0교시 골든타임

"부모님 스스로가 자신을 사랑하고 존중하는 모습을 보여주세요."

부모도 자신의 마음을 잘 돌보지 않는 경우가 많습니다. 하지만 자신조차 사랑하지 않는 사람을 누가 사랑할 수 있을까요? 우리 아이에게 세상에서 가장 소중하게 대해야 할 사람이 바로 자기 자신이라는 것을 가르쳐주세요. 자신을 사랑하고 존중하는 법을 먼저 보여주는 것, 그것이 진정한 부모의 역할입니다.

2. 아이들이 숏폼을 보는 진짜 이유

지금 전 세계는 1분의 마법에 매료되어 있습니다. 틱톡, 유튜브 쇼츠, 인스타그램 릴스와 같은 짧은 동영상들이 사람들의 시선을 사로잡고 있죠. 특히 우리 자녀들은 잠들기 전은 물론 화장실에서조차 이 숏폼 콘텐츠에서 눈을 떼지 못합니다.

실제로 머리를 식히려 잠깐 본다며 시작한 숏폼 시청이 5시간으로 이어져 시험을 망친 고3 학생이나, 영상에 정신이 팔려 정류장을 놓쳐 수업에 지각한 대학생의 이야기는 더 이상 낯선 일이 아닙니다. 가족과 식사를 하거나 TV를 보는 중에도 1분도 안 돼 스마트폰을 찾는 게 현실이 되었습니다. 도대체 이 짧은 영상들은 어떤 마력으로 우리를 사로잡는 것일까요?

숏폼의 매력

숏폼Short-form은 15초에서 60초 사이의 짧은 동영상 콘텐츠를 말합니다. 간결하면서도 직관적이어서, 누구나 자기 일상이나 아이디어를 부담 없이 공유할 수 있습니다. 짧은 시간에 흥미진진한 정보와 재미를 얻을 수 있어 Z세대 사이에서 폭발적 인기를 얻고 있습니다.

한국리서치의 최신 조사 결과에 따르면, 국민 75퍼센트(4명 중 3명)가 숏폼 콘텐츠를 시청한 경험이 있다고 합니다. 10대부터 60대까지 전 연령층이 숏폼을 즐기고 있지만, 특히 젊은 층일수록 시청 시간이 길어지는 경향을 보입니다.

이러한 인기의 배경에는 '분초사회'라는 사회적 분위기와 '효율성'을 추구하는 문화가 자리잡고 있습니다. 사람들은 오랜 시간을 투자하지 않고도 빠르게 정보를 얻고, 즐거움을 찾고 싶어 합니다. 특히 Z세대는 '시간의 가성비'를 중요시하며, 이를 충족하고자 합니다. 무료함을 달래줄 콘텐츠에 대한 갈증도 숏폼이 해소해주고 있습니다. 이런 니즈에 부합하는 콘텐츠가 바로 숏폼이지요. 글로벌 조사 결과, 미국과 중국의 Z세대보다 한국의 Z세대가 콘텐츠 소비를 통해 스트레스를 해소하는 비율이 더 높은 것으로 나타났습니다. 짧은 시간 안에 강렬한 자극을 주는 숏폼은 현대인들의 욕구를 충족시키는 완벽한 도구로 자리매김했습니다.

숏폼 중독, 과연 사실일까?

하지만 숏폼의 인기 이면에는 우려의 목소리도 있습니다. '숏폼 중독', '도파민 중독', '팝콘 브레인' 등의 용어가 등장하며 숏폼의 부작용에 대한 경고음이 켜지고 있는 것입니다. 미국에서는 틱톡, 인스타그램, 유튜브 등 소셜미디어가 청소년 중독을 조장한다는 이유로 해당 기업들에 대한 소송이 잇따르고 있습니다. 페이스북과 인스타그램을 운영하는 세계 최대 소셜미디어 공룡인 메타는 미국 41개 주에서 고소를 당했고, 2024년 2월에 뉴욕시는 메타, 스냅챗, 유튜브, 틱톡 등을 상대로 '법정 고발'을 진행했습니다. 플랫폼 설계 자체가 사용자, 특히 청소년들을 중독으로 이끈다는 것이 주된 이유입니다.

국내에서도 숏폼 열풍과 함께 중독에 대한 우려의 목소리가 높아지고 있습니다. 특히 '도파민 중독'이라는 말은 숏폼을 비판할 때 자주 등장합니다. 숏폼의 자극적인 내용이 뇌에 기분 좋은 신호를 주는 도파민 분비를 촉진한다는 것이죠. 또 '팝콘 브레인'이라는 표현도 사용되는데, 자극적인 영상에 계속 노출되면 뇌가 일상의 평범함에서는 흥미를 잃고 자극만을 좇게 된다는 뜻입니다.

그러나 최근 연구 결과들은 숏폼 시청과 도파민 보상 회로 사이의 직접적인 연관성을 부정하고 있습니다. 오히려 사람들은 우울하거나 무기력할 때 숏폼을 본다는 것이 밝혀졌습니다. 즉,

능동적으로 어떤 목적을 추구하기보다는 수동적으로 콘텐츠를 받아들이는 경우가 많다는 것이죠.

다만 과도한 숏폼 시청이 집중력과 문해력 저하로 이어질 수 있다는 점은 주의해야 합니다. 그러나 이를 중독으로 단정 짓기에는 무리가 있어 보입니다. 중독은 해당 행위를 하지 않으면 일상생활이 불가능한 상태를 말하는데, 숏폼은 그런 수준은 아니기 때문입니다. 적절한 숏폼 시청은 병적 중독과는 거리가 멀다고 할 수 있습니다.

하지만 자극적인 숏폼 콘텐츠가 정신건강에 악영향을 미칠 수 있다는 점도 간과해서는 안 됩니다. ADHD 발병 위험 증가, 틱 장애와 유사한 증상 등이 대표적인 예입니다. 따라서 숏폼 자체를 중독의 관점에서만 바라보기보다는, 그 이면에 있는 사회적, 심리적 요인에 주목할 필요가 있습니다. 우울이나 무기력 같은 정서적 문제, 자극에 대한 갈망, 주의력 저하 등 복합적인 요인들이 숏폼 과용의 배경일 수 있습니다. 숏폼에 대한 균형 잡힌 이해와 접근이 필요한 이유입니다.

숏폼, 현대인의 새로운 위로법

흥미로운 점은 숏폼에 가장 취약한 계층이 어린이나 청소년이 아닌, 대학생과 직장인이라는 사실입니다. 이는 현대인들이 겪는 만성적인 우울감과 무기력함을 반증하는 것이기도 합니다. 숏폼은 이러한 정서적 공허함을 해소하는 도구로 사용되고 있는 셈이죠. 현대인들은 숏폼을 통해 잠시나마 현실의 무게에서 벗어나 위안을 얻고 있습니다.

우리 사회는 '멀티태스킹'을 능력의 척도로 여기는 경향이 있습니다. 일이나 공부를 하면서 숏폼을 보는 행위는 마치 여러 가지 일을 동시에 잘 해내는 것처럼 보이게 합니다. 하지만 이는 자기기만에 불과합니다. 숏폼을 보며 다른 일을 하는 것은 어느 쪽에도 집중하지 못한다는 의미이기 때문입니다.

숏폼은 자기표현 욕구가 강한 현 세대가 또래와 소통하는 새로운 플랫폼으로 자리 잡았습니다. 전문 영상 제작자가 아니더라도 누구나 쉽게 콘텐츠를 만들어 공유할 수 있다는 점이 숏폼의 매력입니다. 그들에게 숏폼은 단순히 소비하는 콘텐츠가 아니라, 자신을 표현하고 타인과 교류하는 소통의 매개체일지도 모릅니다.

그렇다면 부모들은 자녀들의 숏폼 사용을 어떻게 바라봐야 할까요? 무조건적인 제재보다는 이해와 소통이 우선입니다. 먼저 자녀가 숏폼에 빠져드는 이유를 이해하고, 이를 바탕으로 건강한 미디어 사용 습관을 함께 만들어가야 합니다. 미국 소아과학회는 가족이 함께 미디어 사용 규칙을 정하고, 숏폼을 비롯한 미디어 콘텐츠에 대해 대화를 나누며, 부모가 먼저 바람직한 미디어 사용의 모범이 되어줄 것을 제안합니다. 때로는 가족이 함께 숏폼을 보며 서로의 생각을 나누는 것도 효과적인 방법이 될 수 있습니다.

부모가 찾아야 할 균형점

숏폼은 이미 우리 시대의 불가피한 문화 현상이 되었습니다. 부모로서 우리가 취해야 할 자세는 무조건적인 비난이 아닌, 자녀가 숏폼에 빠져드는 이유를 이해하려 노력하는 것입니다. 단순한 재미 추구일 수도 있지만, 스트레스 해소나 또래 관계에서의 소외감을 피하기 위한 수단일 수 있습니다. 자녀와 열린 대화를 통해 숏폼이 주는 매력을 이해하고, 나아가 그 이면에 있을지 모를 아이들의 우울과 무기력함의 원인도 함께 고민해볼 필요가 있습니다.

숏폼이 아이들의 삶에서 차지하는 비중을 인정하고, 그들의 눈높이에서 소통하는 것이 필요합니다. 일방적인 금지보다는 자기 조절 능력을 길러주는 것이 장기적으로 더 효과적입니다. 자녀 스스로 숏폼 사용 시간과 패턴을 점검하고 조절하는 습관을 기를 수 있도록 도와주어야 합니다. 이를 위해서는 일상에서 숏폼 외의 다양한 활동을 경험할 기회를 주는 것이 좋습니다. 독서, 운동, 취미 생활 등 숏폼의 즉각적인 자극과는 다른 만족을 경험하도록 환경을 조성하는 것이 좋습니다.

숏폼 시대의 부모에게는 이 새로운 매체의 가능성을 인정하면서도 잠재적 위험을 간과하지 않는 균형 잡힌 시각이 필요합니다. 자녀의 눈높이에서 소통하고, 스스로 조절할 수 있는 힘을 키워주되, 무엇보다 부모가 먼저 바람직한 미디어 사용의 모범이 되어야 합니다. 이것이 숏폼과 함께 자라나는 우리 아이들을 건강하게 지원하는 가장 현명한 방법일 것입니다. 지금은 일방적인 통제보다 서로를 이해하고 소통하는 지혜가 그 어느 때보다 절실한 시점입니다.

0교시 골든타임

"왜 그럴 때 있잖아. 이해 안 되던 것이 막 쌓여 있다가 어느 순간에 퍼즐처럼 딱 맞춰지는! 그래서 아, 그런 거구나 하고 저절로 알게 되는 거. 네가 지금 뭘 좋아하고 뭘 생각하는지 이젠 알 거 같아. 오늘부터 엄마한테 네 얘기 좀 더 해줄래?"

SNS는 우리를 타인의 시선에 집착하게 만듭니다. 하지만 정작 소중한 것은 보이지 않는 곳, 바로 우리 아이의 마음속에 있는 생각과 감정입니다. 이제는 SNS라는 보여주기식 세상에서 벗어나 진정한 자신을 찾는 연습이 필요한 때입니다. 부모와 자녀가 서로의 이야기에 귀 기울이며 마음을 나누는 시간을 가져보세요. SNS의 화려한 겉모습이 아닌, 있는 그대로의 자신을 발견하고 사랑하는 여정을 함께 시작해보는 건 어떨까요?

3. 도박중독에 빠진 아이들

충격적인 수치를 공개합니다.

2017년 48명, 2018년 65명, 2019년 93명, 2020년 98명, 2021년 141명.

그리고 2023년 1월부터 8월까지 무려 1,406명. 그렇습니다. 불과 6년 만에 거의 30배나 급증했습니다.

과연 이 수치는 무엇일까요? 지난 10년 동안 도박 중독으로 '치료받은' 청소년의 수입니다. 더욱 우려되는 점은 청소년 온라인 불법도박 관련 상담 건수의 급증입니다. 2017년 503건, 2018년 1,027건, 2019년 1,459건, 2020년 1,286건, 2021년 1,242건으로 5년간 약 3배나 증가했다는 사실입니다. 상담을 받지 않은 아이들까지 포함한다면 그 수치는 훨씬 더 큽니다.

과거 도박의 이미지는 어둡고 밀폐된 공간, 화려한 카지노, 불법 PC방 등이었습니다. 그리고 거기서 도박하는 사람들은 대부분 성인이었죠. 하지만 지금은 도박의 양상이 완전히 달라졌습니다. 도박이 온라인으로 옮겨가면서 스마트폰만 있으면 언제 어디서든, 누구와도 익명으로 쉽게 도박을 즐길 수 있게 되었고, 그 결과 도박에 빠지는 연령대가 급격히 낮아지고 있습니다.

디지털 시대의 유혹:
온라인 도박의 실체

우리 아이들은 어떻게 온라인 도박의 세계로 빠져드는 걸까요? 상담 결과, 많은 아이들이 처음에는 도박과 게임의 경계를 인식하지 못한 채 시작합니다. 게임과 도박의 경계가 모호해진 디지털 시대에서 아이들은 이런 게임에 익숙해지고, 점차 도박임을 알면서도 스마트폰이라는 접근성 좋은 환경 속에서 계속하게 되는 것이죠.

이러한 현상의 대표적인 예가 게임 내 '확률형 아이템'입니다. 게임 캐릭터의 능력치나 기능을 향상시켜주는 희귀 아이템을 무작위 확률로 획득하는 건데, 성능이 높을수록 획득 확률이 낮습니다. 아이들은 게임을 더 잘하기 위해 이런 아이템에 돈을 쓰게 되죠. 이는 사행심을 조장하는 요소로, 이때부터 아이들은 게임과 도박의 경계를 헷갈리기 시작합니다.

이것이 반복되면서 경계심이 낮아집니다. 게다가 게임 내 채팅을 통해 불법도박사이트를 홍보하거나 아이템 거래를 이용한 현금거래가 이뤄지기도 합니다. 아이들이 말하는 아이템 가격은 상상 이상입니다. 어떤 경우는 몇 만 원 이상으로 거래됩니다.

이 밖에도 스포츠 토토 같은 시스템이 사설로 교묘하게 넘어와서 승부에 배팅하는 불법 스포츠 도박 사이트가 횡행합니다. 더욱 우려되는 점은 아이들 사이에서 이러한 도박 관련 대화가 일상화되고 있다는 사실입니다. SNS에서 얼마를 땄다느니, "내가 지금 돈이 부족하니 니가 5만 원 빌려주면 10만 원으로 갚겠다"라는 식의 도박 관련 대화가 이제는 아이들의 일상 주제가 되었습니다. '내기 문화'가 놀이처럼 인식되고 있는 게 가장 큰 문제입니다. 청소년들한테 물어봐도 "이게 도박이에요? 그냥 재밌어서 하는 건데요?" 이렇게 말해요. 한마디로 아이들에게 도박은 그냥 하나의 '문화'가 되어버렸다는 사실이 더 무서운 얘기에요. 가랑비에 옷 젖듯 악마의 손길은 이렇게 서서히 다가옵니다.

청소년 도박중독, 뇌에 치명적인 영향을 미친다

왜 청소년들은 더 쉽게 도박의 늪에 빠지는 걸까요? 게임에서 이기고 돈을 땄을 때, 우리는 아주 강렬한 자극을 받습니다. 이

때 '도파민'이라는 신경전달물질이 분비되는데, 과하게 되면 '도파민 중독'이 되는 거죠. 도파민은 뇌에서 만들어지는 물질로, 주로 보상 체계와 관련이 있으며 쾌감이나 즐거움과 관련된 신호를 전달하는 호르몬입니다.

도파민은 크게 '욕망회로'와 '통제회로' 두 가지 경로로 작용합니다. 욕망회로는 하고 싶은 걸 당장 얻게끔 즉각적인 행동을 촉구하는 반면, 통제회로는 이를 제어하고 현실적인 계획을 세우는 역할을 합니다. 문제는 청소년 온라인 도박 중독자의 경우, 도파민이 과다 분비되면서 이 통제력을 상실하게 된다는 것입니다. 그 짜릿함에 빠져 계속해서 자극을 추구하다 보면, 전두엽과 도파민 통제회로인 중피질이 손상되기 시작합니다.

결과적으로, 성장기 청소년들의 온라인 도박 중독은 뇌 발달에 치명적인 악영향을 미칩니다. 충동 조절이 어려워지고 의사결정 능력이 떨어지는 등 심각한 문제에 직면합니다. 도파민은 비정상적으로 낮게 분비되면 파킨슨병, 너무 많이 분비되면 조현병 등을 유발하기도 합니다. 결국 우리가 어떤 도파민을 쓰느냐는 자신의 선택에 달려 있습니다.

이러한 문제의 뿌리에는 왜곡된 사회문화적 분위기가 자리잡고 있습니다. 한탕주의와 물질만능주의는 어른 세대가 만들어온 그늘진 유산입니다. 점차 심화되는 양극화로 인한 상대적 박탈감, 경마와 복권 같은 합법적 도박의 확산, 그리고 요행을 부추기는 사회 분위기 속에서 아이들은 불법도박의 위험성마저 제대로 인식하지 못하고 있습니다.

우리 아이가 도박에 빠졌다면?

청소년 온라인 불법도박은 단순한 경제적 문제를 넘어 2차, 3차 범죄로 확산될 위험이 높습니다. 도박 빚을 갚기 위해 아르바이트를 하거나 불법 미성년 성매매, 불법 추심행위, 그리고 급기야 불법 도박사이트 운영자에게 매달 수백만 원을 받으며 또 다른 도박중독자 회원을 모집하는 판매책을 하는 등 2차, 3차 범죄에 연루되는 경우가 많습니다. 게다가 도박하는 청소년들은 음주, 흡연, 폭력 등 다양한 비행 행동을 동시에 보이기도 합니다. 통제력 상실, 대인관계 어려움, 우울, 불안 등 심리정서적 문제가 동반되고, 이를 견디지 못해 약물 중독에 빠지기도 합니다. 당연히 학업에도 지장을 주고, 중도 포기로까지 이어지는 악순환이 계속되는 것입니다.

그렇다면 우리 아이에게서 도박중독 증상이 보인다면 어떻게 해야 할까요? 또래와의 잦은 금전 거래(보통 친구가 생일이라서 돈을 줬다는 등의 말을 많이 합니다), 용돈 대비 지나친 지출(도저히 부모에게 받는 용돈으로는 살 수 없는 옷이나 물건 등을 구입하는 경우), 학교 내 도난 사건 발생, 금전 관련 학교폭력(친구 또는 선후배 관계에서 학교폭력이 발생했는데 그 사유가 금전 거래인 경우), 짜증과 신경질 반응

증가 등이 대표적인 징후입니다. 갑작스러운 큰돈 요구, 몰래 아르바이트, 또래와의 잦은 PC방 출입, 자취방 출입, '달팽이', '사다리' 등 도박 관련 은어 사용 등도 의심해봐야 할 부분입니다.

이러한 징후가 발견되면, 즉시 자녀와 열린 대화를 시도하고 전문기관의 도움을 받는 것이 중요합니다. 사후약방문식 대응보다는 예방이 중요합니다. 그리고 아이의 고민에 귀 기울이며 따뜻한 관심을 보여주기 바랍니다. 때로는 이런 작은 관심 하나가 아이를 위험으로부터 구해내는 결정적인 열쇠가 될 수 있습니다.

우리 아이들은 디지털 시대의 취약한 환경 속에서 성인 사회가 만든 기준에 맞춰 살아가고 있습니다. 코로나19 대유행 시기에 우리가 바이러스 감염 예방에 힘썼듯이, 지금은 우리 아이들을 도박중독으로부터 보호하는 데 모든 노력을 기울여야 합니다. 함께 노력한다면 분명 극복할 수 있습니다. 우리 아이들이 건강한 사회 구성원으로 성장할 수 있도록, 지금부터라도 경각심을 갖고 적극적으로 나서야 할 때입니다.

도박문제 상담전화 1336
도박문제 넷라인 (kcgp.or.kr)

0교시 골든타임

재미나 호기심으로 시작한 도박은 자녀를 서서히 옭아매는 위험한 도구가 될 수 있습니다.
때로는 자녀 스스로가 자신을 가장 힘들게 만드는 주체가 되기도 합니다. 단순한 장난이나 재미로 시작했더라도, 그것이 자신을 해치는 행동으로 이어질 수 있기 때문입니다. 그래서 우리는 비난하거나 후회하기 전에, 더 큰 상처가 생기기 전에, 먼저 자녀의 마음에 귀 기울이고 따뜻하게 보듬어주는 부모가 되어야 합니다.

4. 사이버폭력과 아이들: 디지털 시대의 그림자

코로나19는 아이들을 온라인 공간으로 내몰았습니다. 이러한 변화는 학교폭력의 양상도 크게 바꿔놓았습니다. 과거의 학교폭력이 주로 교실이나 운동장에서 발생했다면, 이제는 사이버 공간이 새로운 폭력의 무대가 되고 있습니다. 더욱 안타까운 것은 이러한 사이버폭력으로 인해 극단적 선택을 하는 사례마저 드물지 않다는 점입니다. 이제 사이버폭력은 더 이상 방관할 수 없는 우리 모두의 과제가 되었습니다. 이는 단순한 게임 중독이나 인터넷 과다 사용 문제를 넘어서, 우리 아이들의 정서적 건강과 올바른 성장을 위협하는 심각한 사회문제로 인식해야 합니다.

24시간 지속되는 폭력의 그림자

사이버폭력을 이야기하기 전에, 먼저 우리 아이들의 스마트폰 사용 실태를 살펴볼 필요가 있습니다. 2023년에 발표된 〈어린이 미디어 이용조사 보고서〉에 따르면 지난해 만 3~4세 아동의 하루 평균 미디어 사용 시간은 무려 188.4분, 즉 3시간이 넘었습니다. 이는 세계보건기구WHO가 권장하는 하루 1시간을 훌쩍 뛰어넘는 수치입니다.

문제는 이렇게 어린 나이부터 디지털 기기에 노출되면서, 아이들에게 온라인 공간이 더 이상 '가상'이 아닌 '현실'이 되어버렸다는 점입니다. 바로 이 지점이 사이버폭력의 심각성과 맞닿아 있습니다.

사이버폭력이란 스마트폰, 인터넷 등 정보통신기기를 이용하여 타인에게 지속적, 반복적으로 심리적 공격을 가하거나 개인정보 또는 허위사실을 유포하여 상대방을 고통스럽게 하는 일체의 행위를 말합니다. 피해자의 거부 의사를 무시하고 집요하게 괴롭히는 '사이버불링'은 그중 가장 악질적인 형태입니다.

사이버폭력이 무서운 이유는 그 특성 때문입니다. 스마트폰의 휴대성과 시공간의 무제약성으로 인해, 가해자는 24시간 피해자를 통제하고 괴롭힐 수 있습니다. 또한 익명성을 악용하여 아무런 죄책감 없이 과격한 표현을 쏟아낼 수 있죠. 게다가 사이버공간의 특성상 한 번 유포된 글이나 사진은 완벽히 삭제하기 어려워, 2~3차 피해로 이어지기 일쑤입니다.

그런데 가해 청소년들은 정작 이를 범죄로 인식하지 않고, 단순한 장난이나 놀이로 여기는 경향이 있습니다. 이는 사이버폭력 문제를 더욱 악화시키는 원인입니다.

피해자에서 가해자로: 멈춰야 할 악순환

2022년 방송통신위원회의 사이버폭력 실태조사에 따르면, 한국 청소년의 사이버폭력 경험률은 41.6%에 달합니다. 특히 청소년기의 사이버폭력 경험은 성인기까지 이어지는 경우가 많은데요, 피해자가 가해자가 되고 가해자가 피해자가 되는 악순환이 반복됩니다. 실제로 청소년 피해경험자의 43.9%가 가해 경험을 했고, 가해 경험자가 피해 경험자로 바뀌는 비율이 무려 79.9%가 됩니다.

가해 이유를 물어보면 "상대방이 먼저 그랬기 때문"이라는 답변이 40%에 육박합니다. 즉, 복수심이 주된 동기라는 것이죠. 이 복수심이 극에 달하면 살인 등 극단적 행동으로 이어지거나, 약물중독 같은 또 다른 문제를 일으킬 수 있습니다.

이렇게 아이들이 가상 세계만 들어가면 흥분하고 이성을 잃을 때가 많습니다. 더욱 우려되는 점은, 온라인상에서 사이버폭력을 경험한 청소년들의 약 50%가 "모르는 사람의 친구 신청"도 수락한다는 사실입니다.

사이버폭력의 가장 큰 문제는 장기화될수록 피해자가 불안과 우울의 늪에서 빠져나오기 힘들다는 점입니다. 심할 경우 자살 충동까지 느낍니다. 그러나 가해자를 특정하기 어려워 학교에서 개입하기가 쉽지 않습니다. 청소년 사이버폭력 피해 경험자의 절반 이상이 잘 모르는 사람에게 피해를 당한다고 나오기 때문입니다. 그래서 부모의 역할이 그 어느 때보다 중요합니다.

사이버폭력을 예방하기 위해서는 먼저 부모가 아이의 세계에 관심을 가져야 합니다. 특히 온라인 게임에 주목해야 하는데요, 사이버폭력 피해 경험자의 47.5%가 게임을 통해 폭력을 당했다고 합니다. 게임 중 모르는 사람과 대화하다가 언쟁이 붙거나, 심할 경우 직접 만나 폭력을 행사하는 일도 비일비재합니다.

자녀가 게임에 몰두할 때 평소와 다른 말투를 쓰진 않는지, 게임 내에서 친구들과 어떻게 소통하는지 관심 있게 지켜봐 주세요. 나아가 가능하다면 직접 게임을 해보며 그 속에서 아이가 어떤 경험을 하는지 느껴보는 것도 좋습니다. 단순히 "게임 그만해라"가 아니라, "엄마가 해보니 너무 자극적이더라. 너도 힘들지 않니?"라며 공감의 대화를 시작하는 것입니다.

사이버폭력을 예방하기 위한 부모의 역할은 생각보다 간단합니다. 다음은 10가지 핵심 수칙입니다.

1. 사이버공간에서도 상대방을 존중하는 태도를 기르도록 가르치세요.
2. 평소 충분한 대화를 통해 올바른 언어습관을 형성해주세요.
3. 사이버폭력과 온라인 이슈에 대해 정기적으로 대화를 나누세요.
4. 자녀의 부모 주민등록번호 무단 사용을 엄격히 제한하세요.
5. 컴퓨터는 가족이 함께 사용하는 공간에 설치하세요.
6. 자녀가 주로 이용하는 사이트와 게임에 관심을 가지세요.
7. 유해 콘텐츠 차단 프로그램을 반드시 설치하세요.
8. 사이버폭력 피해 시 도움을 요청하는 방법을 구체적으로 알려주세요.
9. 신고 창구(117, #0117)를 미리 숙지하세요.
10. 피해 발생 시 반드시 부모에게 알리도록 강조하세요.

디지털 시대의 부모 역할

사이버폭력 피해 아동은 불안과 예민함을 보이며, 역설적으로 스마트폰에 더욱 집착하는 경향이 있습니다. SNS 글이나 사진에서 부정적인 변화가 감지되기도 하죠. 평소와 다른 갑작스러운 금전 요구도 도움을 호소하는 신호일 수 있습니다. 이럴 때일수록 부모의 세심한 관찰과 개입이 필요합니다.

사이버폭력의 상처는 겉으로 드러나지 않습니다. 하지만 아이의 마음에 깊은 흉터를 남깁니다. 이 상처를 혼자 견뎌내기에 아이는 너무나 어리고 약합니다. 학업과 성적도 중요하지만, 지금 아이에게 가장 필요한 것은 상대를 존중하는 마음가짐과 바른 언어습관일지 모릅니다. 그리고 그것은 부모가 가장 먼저 가르쳐야 할 과제입니다.

사이버폭력으로부터 아이를 지키는 일, 결코 쉽지 않습니다. 하지만 부모의 관심과 사랑만 있다면 불가능한 일은 아닙니다. 지금 이 순간에도 스마트폰 너머 아이가 보내는 작은 신호를 놓치지 마세요. 우리의 관심이야말로 아이를 지키는 가장 강력한 방패이기 때문입니다.

0교시 골든타임

"타인에게 상처 주지 않도록 조심하렴. 그렇게 하면 너도 상처받지 않을 수 있어. 우리는 항상 네가 따뜻한 마음을 지키며 살아가길 바라."

우리는 자녀에게 타인에게 상처를 주는 행동이 결국 자신에게도 영향을 미친다는 점을 이해시켜야 합니다. 부모로서 우리의 역할은 아이가 받은 상처에 무너지지 않고, 다시 일어설 수 있는 내면의 힘을 키워주는 것입니다. 물론 상처를 주지 않도록 가르치는 것도 중요하지만, 더 중요한 것은 상처를 이해하고 회복력을 키워주는 것입니다. 때로는 상처받은 만큼 성장할 수 있고, 그 과정에서 더욱 단단해질 수 있다는 것을 자녀에게 일깨워주세요.

5. AI 시대에 우리 아이에게 정말 필요한 것

1980년대 초반부터 1990년대 중반에 출생한 세대를 밀레니얼세대, 1990년 중반부터 2000년대 초반에 태어난 세대를 Z세대라 부릅니다. 이들을 통칭해 MZ세대라 하죠.

앤 헬렌 피터슨의 책 《요즘 애들》은 밀레니얼세대의 삶과 그들이 맞닥뜨린 문제들을 심도 있게 파고듭니다. 책에 따르면 밀레니얼세대는 정보기술에 능통하고 대학 진학률도 높지만, 2008년 금융위기 이후 고용 감소와 일자리 질 저하라는 어려움을 겪은 세대입니다.

그들은 "이번 생은 망했다"면서도 탈진 직전까지 일에 매달리고, 패배가 예정된 시스템 속에서 "졌지만 잘 싸웠다"며 자조합니다. 이들이 겪는 고충은 개인의 문제라기보다 사회구조적 문제라는 지적이 있죠. 특히 육아 문제에서 여성들은 '가정관리 프로젝트 리더'로서 큰 부담을 안고 있고, 빚더미에 앉아 재산은커녕 저임금에 발전 가능성도 없는 일자리에 묶여 옴짝달싹 못하는 처지입니다.

밀레니얼 부모가 마주한 냉혹한 현실

결국 지금의 밀레니얼 세대는 부모 세대보다 낮은 급여를 받는 최초의 세대이자 미래를 꿈꿀 여유조차 빼앗긴 세대가 되었습니다. 어쩌면 이런 상황 탓에 유일한 희망인 자녀에게 강한 애착을 보이면서도, 한편으론 그 아이에게 더 가혹한 잣대를 들이대는 건 아닐까요?

그렇다면 하루가 다르게 변화하는 이 시대, 우리 밀레니얼 부모들이 자녀를 위해 해줄 수 있는 것은 무엇일까요? 알다시피 이제 '대학' 간판은 더 이상 밝은 미래를 보장하지 않습니다. 밀레니얼세대가 경험으로 증명하고 있죠. 그래서인지 그나마 안정적인 '의대'를 보내려 발버둥치는 것 아닐까요? 하지만 모두 의사가 될 순 없고, 그것이 행복의 보증수표도 아닙니다.

이제 AI가 주도하는 시대는 더 이상 먼 미래의 이야기가 아닙니다. 이는 인류가 지금까지 겪어보지 못한 근본적인 변화를 가져올 것입니다. 우리에게는 자녀들이 이 새로운 시대에 잘 적응하고 살아갈 수 있도록 준비시켜야 할 책임이 있습니다.

AI 시대에 꼭 필요한 두 가지 역량

"한국 학생들은 미래에 쓸모없을 내용을 배우느라 하루 15시간을 허비하고 있다." 2007년 한국을 방문한 미래학자 엘빈 토플러의 말입니다. 17년이 흘렀지만 가슴 한편이 쿡 찔리는 이유가 있으시죠?

그렇다면 인공지능 시대를 살아갈 아이들에게 정말 필요한 건 무엇일까요? 여전히 국영수와 수능만이 중요하다고 믿으신다면, 이 글을 읽어보시길 권합니다.

많은 부모님이 AI 시대의 필수 역량으로 '코딩'을 꼽습니다. 코딩에 필요한 수학과 사고력 또한 강조하죠. 물론 틀린 말은 아닙니다. 하지만 이미 세계 최고의 개발자들이 우리 생활 구석구석에 AI를 심어 놓았고 우리는 무의식중에 그것을 활용하고 있습니다. 개발자가 되든 사용자가 되든, 먼저 갖춰야 할 핵심 역량이 있습니다.

첫째는 바로 외국어, 특히 '영어' 능력입니다. AI가 통역까지 해주는 시대에 새삼스럽게 무슨 영어냐고요? 이유는 명확합니다.

현재 AI는 인류가 축적한 방대한 데이터를 기반으로 머신러닝을 통해 발전하고 있습니다. 주목해야 할 점은 인터넷 정보의

60% 이상이 영어로 되어 있다는 사실입니다. 이에 비해 러시아어 8%, 일본어 2.2%, 중국어 1.5%이며, 한국어는 1%에도 미치지 못합니다. 더구나 앞으로도 학술 정보의 90% 이상이 영어로 작성될 것으로 예상됩니다.

따라서 AI의 도움을 제대로 받으려면 영어는 필수입니다. AI에 효과적으로 지시를 내리고 원하는 결과를 얻으려면 훌륭한 영어 실력이 뒷받침되어야 하는 것이죠. 영어를 잘한다는 건 단순히 일상회화를 구사하는 수준을 넘어, 다양한 관점에서 사고하는 능력을 의미합니다. 우리말로 논리정연하고 비판적인 사고를 펼치듯, 영어로도 그런 수준에 도달해야 AI 시대에 경쟁력을 갖출 수 있습니다.

둘째는 인문학적 소양을 기르는 것입니다. 인문학의 핵심은 한마디로 '사람 공부'입니다. 사람다운 사람이 되기 위해 하는 공부죠. 그 출발점은 바로 '질문'입니다. 사람을 이해하기 위해선 질문을 던져야 합니다.

요즘 수험생 10명 중 7명은 취업에 유리한 이공계를 선택합니다. AI 시대에 기술과 인간의 관계는 더욱 긴밀해졌지만, 첨단 기술만으로는 인간의 본질과 윤리, 사회적 관계를 온전히 다룰 수 없습니다.

저는 단순히 윤리나 도덕 교과 수준의 인문학 교육을 이야기하는 게 아닙니다. 소크라테스의 방식처럼, 끊임없는 질문을 통한 날카로운 통찰이 사물의 본질을 꿰뚫게 합니다. 흐릿하던 본질이 선명히 드러나는 과정, 그것이 바로 성찰이며 깨달음입니다.

AI 시대에 왜 이런 것이 필요할까요? 우리는 이미 하루 24시간 내내 기계의 도움 없인 살 수 없습니다. 하지만 그 속에서 던지는 인문학적 질문은 메마른 시대에 오아시스처럼 우리 삶을 촉촉이 적시고 풍요롭게 만듭니다. 이러한 인문학적 소양이 자녀의 미래를 결정짓는 핵심 요소가 될 것입니다.

기술과 인간성의 균형을 찾아서

우리 아이들은 AI 시대를 살아가야만 합니다. 디지털, 빅데이터, 인공지능은 이제 거스를 수 없는 대세가 되었습니다. AI는 그들에게 더 편리한 세상을 만들어줄 것입니다. 하지만 AI는 결코 인간만의 고유한 가치, 인간 본성에 충실하고 윤리적인 삶이 무엇인지 알려주지 못합니다.

우리 자녀들은 이러한 답을 스스로 찾아가야 하며, 그것이 바로 삶의 의미를 깨닫는 과정이 될 것입니다.

당장의 학원 선택이나 대학 진학도 중요하지만, 더욱 중요한 것은 10년 후 자녀가 마주하게 될 세상을 준비하는 일입니다. 밀레니얼 세대보다 더 큰 고통과 외로움, 우울을 경험할 수 있는 미래, 직업의 기준이 모호해지고 인간관계는 더욱 메말라갈 수 있는 시대가 올 것입니다.

AI 시대를 준비하는 부모는 아이들이 기술과 인간성 사이의 균형을 찾을 수 있도록 도와야 합니다. 이는 단순히 생존을 위한 준비가 아닌, 풍요로운 삶을 위한 토대를 마련하는 것입니다.

우리의 목표는 단순히 AI와 경쟁하는 인재를 키우는 것이 아닙니다. 오히려 AI와 조화롭게 공존하며, 기술의 발전이 가져올 수 있는 사회적, 윤리적 문제들을 해결할 수 있는 리더를 양성하는 것입니다. 이는 쉽지 않은 도전이지만, 우리 아이들이 미래 사회에서 진정한 행복을 찾을 수 있는 유일한 해답입니다.

0교시 골든타임

프로 세계에서는 단지 최고 기량을 가진 선수가 최고 몸값을 받는 게 아니고, 최고 기량과 함께 좋은 태도를 가진 선수가 더 오랫동안 높은 몸값을 받습니다. AI 시대에 자녀에게 필요한 역량은 적극적이고 감사하는 마음가짐, 그리고 끊임없이 배우려는 자세와 좋은 인성입니다.
AI 시대에도 인생의 모든 것을 기계가 해결해주진 않습니다. 실력도 중요하지만 그것을 발휘하는 태도가 더욱 중요합니다. 좋은 태도는 어떤 상황에서도 빛을 발하기 마련이에요. 자녀가 늘 배우려는 자세로 감사함을 잃지 않고, 좋은 인성과 태도를 가질 수 있도록 이끌어주세요. 그것이 AI 시대를 살아가는 우리 아이에게 가장 필요한 힘이 됩니다.

3부

성적 지상주의 교육에서 아이 구하기

1. 성적이 오르지 않는 진짜 이유

공부의 본질을 찾아서

"공부." 우리 아이들의 발목을 붙잡는 이 단어의 본질을 파헤쳐 보려 합니다. 공부의 본질을 아무리 이야기해도 요즘 학생들은 겉으로 드러나는 '공부법'에만 집착하는 경향이 있습니다. "5번 읽기 공부법", "3색 정리법", "노트 필기 잘하는 법", "인강으로 수학 만점 받기" 등 겉보기에 그럴듯한 방법론에 학생들이 열광합니다.

수능평가원 모의고사가 끝나면 각종 입시 커뮤니티에서는 유명 강사들의 '손풀이 영상'이 쏟아집니다. 하지만 자녀가 교과서를 몇 번을 읽었든, 어떤 색으로 정리했든, 노트 필기를 어떻게 했든 실제 성적과는 직접적인 연관이 없습니다. 정작 중요한 것은 따로 있습니다.

수능 모의고사 뒤에 나오는 인강 강사의 손풀이 해설 영상에서 획기적인 정보를 얻기는 어렵습니다. 이는 매일 업로드되는 축구 선수들의 하이라이트 영상을 보는 것과 다를 바 없습니다. 그 영상에서는 훈련 과정과 노력은 보이지 않듯이, 유명 강사의 손풀이 영상을 아무리 봐도 공부 실력 향상에는 도움이 되지 않습니다.

여기서는 "열심히 공부하는데도 성적이 오르지 않는 근본적인 이유"를 심층적으로 살펴보겠습니다.

효과적인 학습:
질문과 답변 사이의 상식 다리 놓기

20세기 최고의 천재 물리학자 리처드 파인만은 이런 말을 했습니다. "어떤 질문에 대해 완벽한 답을 하기란 상당히 어렵다." 왜냐하면 질문과 대답은 서로가 공유하는 '상식'을 전제로 이뤄지기 때문입니다. 그 상식의 범위가 다르고 서로 그 범위를 모른다면, 질문자가 만족할 만한 대답을 하기 어렵습니다.

예를 들어, "자석이 서로 밀어내는 힘의 정체는 무엇인가요?"라는 질문에 대해, 중학생을 대상으로 한다면 "자기력에 의한 반발력이며, 그 힘이 작용한 것입니다"라고 답하겠지요. 학원이나 인강에서는 학생의 수준과 상관없이 가르치고 질문에 답합니다.

학원 선생님도 결국 평균적인 학생 수준에 맞춰 대답할 수밖에 없으니까요.

공부와 공부법에 대해 우리가 공유하고 있는 상식이 어느 정도로 넓은지 모르겠지만, 여기서는 "공부의 본질"과 "진짜 성적을 올리는 공부법"에 대해 알아보겠습니다.

성적 향상의 5가지 불변의 법칙

첫째, 공부는 겉으로 보이는 노력도 중요하지만, 내면의 이해와 사고의 흐름을 유기적으로 연결하는 것이 더욱 중요합니다.

대부분은 간단하고 모방하기 쉬운 공부법을 최상의 방법이라고 오해합니다. 반면 본질적이지만 쉽지 않은 방법에 대해서는 의도적으로 평가절하하며 포기를 정당화합니다. 이는 마치 원하는 것을 얻지 못했을 때 그것이 중요하지 않았다고 합리화하는 '신 포도 이론'과 같은 방어기제입니다.

매년 수능이 어렵다는 평가를 받아도 만점자가 나오는 이유는, 이들이 공부를 단순한 기술이 아닌 내면의 심층적 사고 과정으로 접근하기 때문입니다. 최근 학습 이론이 '행동주의'에서 '인지주의'나 '인지심리학'으로 변화하는 이유도 여기에 있습니다. 유튜브에서 소개하는 쉽고 빠른 공부법이 무조건 나쁘다는 것은 아닙니다. 그러나 이러한 방법을 그대로 따라 하는 것은 단순히 화려한 손풀이를 구경하는 것과 같은 결과를 낳을 수 있습니다. 중요한 것은 공부의 본질을 이해하고, 내면적인 사고 과정을 발전시키는 것입니다.

둘째, 일부 명문대 출신들이 말하는 추상적인 공부법은 경계해야 합니다.

이들의 조언은 대개 상위권 학생들만 이해할 수 있는 '그들만의 언어'로 되어 있습니다. 파인만이 지적했듯이, 효과적인 의사소통을 위해서는 공통된 개념 이해가 필요한데, 수준 차이가 크면 아무리 좋은 조언도 제대로 받아들이기 어렵습니다. 즉, '자기객관화'가 되지 않는 것입니다. 기본 지식이 없는 상태에서는 단순히 듣는 것만으로는 해결되지 않습니다.

"기출문제를 완벽하게 이해하라"와 같은 피상적인 조언은 실질적인 도움이 되지 않습니다. 이런 말은 자주 하지만, '완벽한 이해'가 구체적으로 무엇을 의미하는지는 모호합니다. 결국 실질적인 도움 없이 자기 자랑으로 그치는 경우가 많습니다.

따라서 현재 성적이 기대만큼 나오지 않는다면, 애매한 영상이나 책들은 피하고, 자녀의 수준에서 실행 가능한 구체적이고 객관적인 설명을 찾아야 합니다. 명문대 출신의 개인적인 노하우에 의존하기보다는, 이론과 학문에 기반한 입증된 근거를 제시하는 공부법을 찾아보는 것이 오히려 더 효과적입니다.

셋째, 특정한 유형에 의존하는 공부법은 지양해야 합니다.

유형별로 공부법을 소개하는 것은 대개 상업적 의도에서 비롯된 것이라 자녀 성적 향상에는 도움이 되지 않습니다. 더 중요한 것은, 이러한 '유형 공부법'이 현재의 내신이나 수능에서는 전혀 효과가 없다는 점입니다. 세상에 사람들이 제각각인 것처럼, 공부법도 각기 다를 수밖에 없습니다. 몇 가지 유형으로 공부법을 나누는 것은 비현실적이며, 이러한 분류를 통해 공부법을 광고하려는 사람들은 단순히 '분류를 위한 분류'를 하고 있을 뿐입니다. 자녀의 성적 향상에는 실질적인 도움을 주지 못합니다.

넷째, 에빙하우스의 망각곡선을 이해하고 이를 극복하는 학습 전략을 세워야 합니다.

우리는 학습한 내용의 40%를 20분 내에, 60%를 9시간 내에, 70%를 하루 내에 잊어버립니다. 그런데 많은 학생이 이 사실을 간과한 채 학원만 열심히 다닙니다. 제가 아는 한 고등학생은 학원만 9개를 다니며, 국영수 학원과 선행 학습을 위한 과외까지 받고 있습니다. 그러나 이 학생의 성적은 여전히 5등급에 머물러 있습니다.

무엇이 문제였을까요? 이 학생은 여러 학원을 다니는 것만으로 '열심히 공부하고 있다'는 착각에 빠져 있었던 것입니다. 학원 자체가 문제는 아닙니다. 문제는 학원 수업이나 인강을 듣고 나서 복습을 하지 않는다는 점입니다. 이는 집에서 편하게 넷플릭스를 보는 것과 다를 바 없습니다.

인강 강사나 학원 강사가 설명할 때는 모두 이해한 것처럼 보일 수 있지만, 복습을 하지 않으면 그 지식은 '자신의 것'이 되지 않습니다. 복습은 학습의 핵심이며, 강사가 말한 내용을 반복하며 질문을 던지고 해결해나가는 과정에서 사고 능력이 길러집니다. 따라서 학원 수업이든 인강 수업이든 배우고 나서는 반드시 "내가 제대로 이해했는지" 확인하는 것이 중요합니다. 복습의 중요성은 아무리 강조해도 지나치지 않습니다.

다섯째, 단순 암기 중심의 학습 방식은 이제 그 한계점에 도달했습니다.

초등학교 저학년까지는 암기식 공부가 효과가 있어 보입니다. 그래서 많은 초등 학부모가 자녀의 학업 능력을 과대평가하는 경향이 있죠. 벼락치기 암기가 초등 저학년에서는 통할 수 있지만, 고학년으로 올라갈수록 그 한계가 분명히 드러납니다. 학년이 올라갈수록 암기만으로는 감당하기 어려운 방대한 양의 지식을 다뤄야 합니다.

더구나 수능은 단순 암기보다 사고력을 측정하는 시험입니다. 모든 문제가 그렇지는 않지만, 특히 변별력을 위한 '킬러 문항'은 암기만으로는 해결이 불가능합니다. 최근에는 고교 내신도 수능 형식을 따르는 추세여서, 암기보다는 깊이 있는 이해가 필수적입니다.

포기하지 말고
자신만의 스타일을 찾아가기를

공부의 본질은 시대가 변해도 달라지지 않습니다. 최상위권 학생들이 재수나 반수를 선택하는 것도 이 본질을 깊이 이해하고 끊임없이 도전하기 때문입니다. 따라서 단순한 요령이나 기술에 현혹되지 말고, 그것을 강조하는 이들을 경계해야 합니다.

타인을 탓하거나 변명하며 포기한다면, 세상은 여러분에게 어떤 연민도 보이지 않을 것입니다. 오히려 세상은 포기하는 이들에게 더욱 무관심합니다.

지금이 아무리 힘들어도 올바른 공부법을 터득하고 꾸준히 실천하면서 자신만의 방식을 찾아가야 합니다. 할 수 있다는 믿음이 생기는 순간, 반드시 여러분만의 길이 보일 것입니다.

0교시 골든타임

"공부를 이기는 유일한 방법은 공부에 대한 두려움과 맞서는 것입니다."

세상에 '쉽고 재밌는' 공부란 없습니다. 그렇게 말하는 사람들은 아마 진정한 의미의 공부를 경험해보지 못했을 것입니다. 그 어려움을 피한다고 해서 두려움이 사라지진 않아요. 오히려 공부에 맞서지 않았기에 평생 그 두려움과 함께 살아가야 할지도 모릅니다.

진정한 해결책은 정면 돌파입니다. 우리가 가진 모든 역량과 의지를 동원해 공부와 맞서야 합니다. 공부를 극복하는 유일한 방법은 바로 그 두려움과 정면으로 마주하는 것입니다. 비록 지금은 힘들어도 결국 이겨낼 수 있다는 것을, 그 과정에서 성장할 수 있다는 것을 믿게 해주세요.

2. 공부머리, 정말 유전될까?

머리 좋은 아이의 비밀

얼마 전 대학생 커뮤니티 에브리타임에서 진행된 설문조사 결과를 보면, SKY 대학 재학생 중에 70% 정도는 공부머리가 유전된다고 답했습니다. 나머지 30%는 꼭 유전만은 아니라고 했는데요, 여기서 주목할 점은 '꼭'이라는 단서입니다. 이는 유전의 영향력을 암묵적으로 인정하는 셈입니다.

제가 만난 S대, Y대 의대 재학생 이야기도 이를 뒷받침합니다. 동기 중 절반 정도는 부모님이 의사이거나 부모 직업에 영향을 받아 의대에 진학했다고 말합니다. 부모가 의사라면 자녀도 의대에 간다는 주장은 공부머리가 유전된다는 주장에 어느 정도 힘을 실어줍니다.

하지만 그 친구는 이런 말도 덧붙였습니다. "우리 부모님은 시골에서 농사를 짓고, 고등학교 졸업이 최종 학력이에요. 하지만 저는 우리 집안 최초로 의대에 입학했죠." 이 경우엔 유전보다 개인의 피나는 노력이 큰 역할을 했다고 볼 수 있겠죠.

그렇습니다. 요즘 커뮤니티와 맘카페에서 열띤 찬반 토론을 불러일으키는 주제가 있습니다. 바로 '공부머리는 유전인가'인데요, 여러분은 어떻게 생각하시나요? 공부머리는 유전될까요, 아니면 노력의 산물일까요? 이 궁금증에 대한 속 시원한 답을 드리겠습니다.

공부 잘하는 비결,
정말 엄마에게 있을까?

"엄마 머리가 좋아야 아이가 공부를 잘한다", "공부머리는 엄마에게 물려받는다." 이런 말씀 들어보셨죠? 이 이야기를 듣고 "아, 정말이야? 우리 애 공부 못하는 게 다 내 탓이구나" 혹은 "역시 우리 애가 날 닮아 똑똑해!"라고 생각하신 적 있으신가요?

이 통설의 과학적 근거는 찾아보기 어렵습니다. 언젠가 TV에서 "지능은 엄마에게 물려받는다"라는 내용을 봤던 기억이 나는데요, 교육학 공부를 하면서 이와 유사한 연구를 접한 적도 있습니다. 가정에서 자녀와 소통하는 주된 양육자인 엄마와 자녀의 상호작용 빈도가 높을수록, 엄마의 지능이나 교육 수준이 자녀에게 미치는 영향이 크다는 내용이었죠.

이와 관련된 주목할 만한 연구가 있습니다. 저체중으로 태어난 아이들 중에서 엄마의 지능이 높을수록 생후 5년간 정상 발달 속도가 빨랐다는 연구인데요, 이 결과가 종종 "엄마의 지능이 자녀의 지능을 결정한다"는 주장의 근거로 인용되곤 합니다. 하지만 이 연구는 저체중아를 대상으로 한 것이며, 엄마의 지능이 자녀의 지능 발달에 직접 영향을 미친다기보다는 아이가 신체적 불리함을 극복하는 데 도움이 되었다는 해석이 더 맞을 겁니다. 또한, 이 연구는 한국이 아닌 미국에서 진행되었습니다. 이처럼 연구 결과를 받아들일 때는 연구 대상, 조건, 변인 통제 여부 등을 꼼꼼히 따져 과도한 일반화를 경계해야 합니다.

생물학이나 유전학의 관점에서 보면, 지능 관련 유전자가 X 염색체에 존재하기에 아빠XY보다 엄마XX의 영향을 받는다는 주장이 그럴듯해 보입니다. 한 신문에선 이렇게 보도하기도 했죠. "엄마의 유전자는 대뇌피질에, 아빠 유전자는 대뇌 변연계에 영향을 미친다." 하지만 이는 과학적으로 타당하지 않습니다. 유전자는 정자와 난자가 수정될 때 이미 결정되며, 특정 신체 부위에 따라 엄마나 아빠의 유전자가 따로 전달된다는 것은 불가능합니다.

이런 근거 없는 기사는 공부 때문에 이미 고민 많은 부모와 아이들의 마음만 혼란스럽게 만들 뿐입니다. 공부머리가 엄마 탓이라는 말에, 엄마들은 얼마나 속이 타겠습니까?

진짜 공부머리는 환경이 만든다

학벌이 미치는 영향력이 여전히 큰 대한민국, 자녀를 좋은 대학에 보내 출세시키고 싶은 부모의 마음을 모르는 바 아닙니다. 하지만 정작 중요한 건 따로 있습니다.

부모의 외모와 성격을 물려받듯, 자녀가 부모를 닮는 건 당연한 일이죠. 하지만 부모의 유전자 조합이 고스란히 전해지기보다, 조부모나 친척에게서 유전자를 물려받을 수도 있습니다. 우리는 흔히 평균의 함정에 빠지곤 하는데요, "공부 잘하는 아이들은 부모 학벌이 좋더라"라는 편견이 그 예시입니다. 공부머리 유전 논쟁에 휩싸이기보다 더 생산적인 고민을 해보는 건 어떨까요? 부모의 유전자가 아무리 뛰어나도 노력 없인 소용없고, 유전이 조금 부족해도 노력으로 극복할 수 있습니다.

물론 음악이나 운동처럼, 공부에도 어느 정도 소질을 보이는 아이들이 있습니다. 하지만 부모가 모르고 지나치는 경우가 많죠.

예를 들어 지능검사에는 '유동추론'이라는 항목이 있습니다. 유동지능이라고도 하는 이 능력은 처음 보는 문제의 구조를 파악하고 해결하는 능력을 말합니다. 가령 수능을 준비하는 수험생 A군이 연습문제 300개를 풀고, 그와 유사한 시험문제를 해결했다면 이는 환경의 영향이 컸다고 볼 수 있습니다. 반복 학습으로 문제 풀이 능력을 길렀기 때문이죠.

반면 유동추론 능력이 뛰어난 학생은 '낯선 문제'에 직면해도 다양한 접근법을 활용해 풀어낼 수 있습니다. 이른바 '영재'라 불리는 아이들이 지닌 재능인 셈이죠. 그런데 이 능력은 사실, 훈련으로도 얼마든지 키울 수 있습니다! 아동기에 반복적인 수 관련 활동, 물건 세기, 크기 비교하기, 보드게임으로 사칙연산 익히기 등을 통해 기를 수 있거든요.

실제 입시 성공의 결정적 요인은 유전자보다 '환경'에 있습니다. 사회학자 부르디외는 이를 '아비투스'라 칭했는데요, 독서 습관, 대화 습관, 좋은 교육환경, 지지하는 학습자와 같은 '문화자본'이 유전자보다 큰 영향력을 발휘한다는 의미입니다.

그렇다면 이 문화자본은 누가 만들까요? 네, 바로 부모입니다. 부모가 책을 읽지 않으면 자녀에게 독서 습관을 기대하긴 어렵죠. 부부 사이에 막말만 오간다면, 자녀는 건강한 대화법을 배울 수 없습니다. 공부하려는 자녀에게 "넌 안 돼"라며 동기를 꺾는다면 어떨까요.

이처럼 진정 무서운 건 바로 '환경의 유전'입니다. 부모가 문화자본 함양에 힘쓰지 않고 '돈으로' 모든 걸 해결하려 든다면, 자녀 역시 그 한계에 갇힐 수밖에 없습니다. "우리 집안은 원래 공부를 못해"라는 말로 자녀의 도전 의식을 꺾는 일도 없어야 합니다. 이는 마치 보이지 않는 천장을 만들어 자녀의 성장을 가로막는 것과 같습니다. 부모의 부정적 언어습관과 제한적 사고방식은 자녀에게 가장 강력한 족쇄가 될 수 있음을 명심해야 합니다.

문화자본의 힘이 더 큽니다

공부머리 유전설을 믿든 말든, 그건 개인의 선택입니다. 하지만 유전보다 더 중요한 환경, 즉 문화자본의 힘을 잊어선 안 됩니다. 독서와 대화 습관, 교육환경, 지지하는 부모. 이 모든 걸 제공하는 이는 바로 부모인 여러분입니다.

지금은 부모 세대와 달리, 대학 브랜드가 성공을 보장하지 않는 시대입니다. 돈이 아닌 진심 어린 행동으로 문화자본을 물려준다면, 자녀는 스스로 삶의 주인공이 되어 창의적이고 도전적인 인재로 성장할 것입니다.

0교시 골든타임

"빛나지 않음으로써 더 빛난다는 사실을 자녀에게 꼭 가르쳐주세요."
최정상에 오른 이들이 공통적으로 실천하는 세 가지 원칙이 있습니다. '조용한 부', '절제된 소비', 그리고 '과시하지 않음으로써 이루는 품격' 입니다. 풍요롭고 충만한 삶을 소망하는 것은 결코 오만한 일이 아닙니다. 오히려 겸손한 태도로 자신을 드러내지 않는 사람이 더 깊이 빛나는 법입니다.
우리 아이가 겉으로 드러나는 화려함이 아닌, 내면의 충만함으로 빛날 수 있도록 이끌어주세요. 과시보다는 절제를, 화려함보다는 겸손함의 가치를 일깨워주는 것. 이것이 진정한 성공으로 이끄는 부모의 역할입니다.

3. 평범한 아이들이 공부를 잘하게 되는 터닝 포인트

책과 미디어에는 "공부 잘하는 법"에 대한 정보가 넘쳐나고, 자극적인 제목으로 시선을 끄는 콘텐츠가 범람합니다. 하지만 대부분의 정보는 어느 정도 공부를 잘하는 아이들을 전제로 하고 있어, 이제 막 공부를 시작하려는 아이나 성적이 중하위권에 머무는 학생들에게는 그다지 유용하지 않습니다.

따라서 저는 공부가 어렵게만 느껴지는 평범한 아이들에 초점을 맞추고자 합니다. 사실 '공부'란 유전적 요인, 심리적 요인, 환경적 요인 등 복합적인 요소들이 어우러져야만 가능한 것인데요, 단순히 "열심히 해라", "넌 할 수 있어"와 같은 동기부여나 정신 무장만으로는 한계가 있습니다. 우리 아이는 왜 공부를 못하는가? 그 답과 해결책을 드리고자 합니다.

공부가 어려운 진짜 이유 5가지

먼저, 우리 아이가 공부에 어려움을 겪는 이유부터 짚어볼까요? **첫째, 뇌신경학적 원인을 들 수 있습니다.** 언뜻 보면 아무런 문제가 없어 보이는 아이도, 마음을 굳게 먹고 공부를 시작하면 학습장애, 발달장애, 과잉행동장애와 같은 증상을 보입니다. 이는 듣기, 말하기, 읽기, 쓰기, 추론, 계산 등 학습의 기본 요소들을 발휘해야 하는 일에 어려움을 겪게 합니다. 실제로 한 연구에 따르면 학습부진아 중 10.5%가 학습장애를 겪고 있는 것으로 나타났는데요, 안타깝게도 많은 경우 이런 증상들이 있음에도 진단받지 못한 채 공부하면서 어려움을 겪는 것으로 알려져 있습니다.

둘째, 신체의 건강 상태가 결정적 영향을 미칩니다. 면역력이 약해 잦은 병치레를 하거나 만성질환을 앓는 경우 공부에 전념하기 어렵습니다. 또한 시력이나 청력에 이상이 있다면 수업을 따라가는 데 지장이 있겠죠. 실제로 아이가 눈을 자주 비비거나 책을 볼 때 눈을 가늘게 뜨는 등의 행동을 보인다면 안과 검진을 받아보는 것이 좋습니다. 요즘 같은 디지털 시대에는 과도한 스마트폰 사용으로 아이들의 시력이 급격히 나빠지는 경우도 많다고 하니, 더욱 주의가 필요합니다.

셋째, 아이들이 공부 필요성을 절실히 느끼지 못하는 것도 문제입니다. 최근 저출산 시대를 맞아 자녀가 하나인 가정이 많습니다. 이런 아이들은 "내가 공부를 못해도 부모님이 알아서 해주시겠지"라는 안일한 기대 속에 살아갑니다. 그리고 어른이 되어서야 비로소 깨닫게 되는 공부의 중요성을, 아직 인생의 깊이를 알지 못하는 아이들이 내면화하기란 쉽지 않습니다.

실제로 대학 입시를 코앞에 둔 고3 학생들조차도 "왜 공부를 해야 하는 걸까요?"라는 질문을 던지곤 하는데요, 한 입시 전문가는 이에 대해 "공부의 목적을 분명히 깨닫는 것만으로도 학습 효율은 크게 높아질 수 있다"라고 조언합니다. 따라서 부모가 아이에게 공부의 필요성과 궁극적인 목표를 설득력 있게 제시해주는 것이 무척 중요합니다.

넷째, 반복된 좌절로 인해 공부 자체를 두려워하게 되었을 수 있습니다. 지나친 조기교육 열풍 속에 영어유치원부터 초등 영재원까지 치열한 경쟁의 굴레를 벗어나지 못하는 아이들은 불가피하게 좌절과 실패를 맛보는 순간을 만납니다. "친구는 다 되는데 난 왜 안 되지", "아무리 해도 안 돼." 학습에 대한 부정적 인식이 깊어질수록 아이는 점점 공부에서 멀어집니다. 안타깝게도 많은 부모가 이런 아이의 마음은 헤아리지 못한 채 오히려 질책을 늘어놓습니다. 이런 부정적 경험이 반복되면 '학습된 무기력'이 형성될 수 있고, 심할 경우 '아동 우울증'으로까지 이어질 수 있습니다.

다섯째, 많은 아이가 바람직한 공부 습관을 길러본 경험이 없기에 어려움을 호소합니다. 사실 '공부 습관'이라는 것 자체가 어른에게도 낯선 개념인데요, 하루아침에 길러지는 것이 아니기에 가정에서의 꾸준한 노력이 필요합니다.

이를 위해 한 심리학자가 제안하는 방법을 소개하자면, 집에서 TV를 끄고 책을 읽는 모습을 아이에게 자연스럽게 노출시키는 것입니다. 다만 이때 "너도 공부해라"며 잔소리하듯 요구하는 건 금물이에요. 아이에게 그 어떤 강요도 하지 않은 채 부모 스스로 즐겁게 독서하는 모습을 보여주세요. 얼마 지나지 않아 아이가 자발적으로 책을 집어 들게 될 확률이 높습니다. 이처럼 생활 속 작은 습관의 변화가 아이로 하여금 공부에 대한 친밀감을 갖게 하는 출발점이 됩니다.

아이의 숨은 공부력을 깨우는 3가지 키

이제 우리 아이의 잠재력을 깨우는 실천적 방법들을 살펴보겠습니다.

첫째, 아이 눈높이에 맞는 동기부여가 이뤄져야 합니다. 초등학생 자녀에게 "좋은 대학 가려면 지금부터 열심히 해야 한다"라는 식의 설득은 효과적이지 않습니다. 먼 미래의 이야기보다는 지금 당장 아이가 원하는 것으로 보상해주는 것이 훨씬 강력한 동기부여가 됩니다. 반면 사춘기에 접어드는 중학생 자녀의 경우, 자아정체성과 진로에 대한 고민이 깊어지는 시기인 만큼 아이의 적성과 흥미를 고려한 공부 방향을 제시해주는 것이 좋습니다.

지난해 모 교육 컨설팅에서 진행한 설문조사에 따르면, 고등학생의 경우 장래 희망을 구체적으로 정하고 있는 비율이 78%에 달했다고 합니다. 그만큼 고등학생 때는 꿈을 향한 의지가 확고해지는 시기인데요, 자녀의 목표가 현실성 있게 실현되도록 학습 로드맵을 함께 그려보는 것도 좋은 방법이 됩니다.

둘째, 아이에게 물질적 지원 못지않게 관계적 지원이 절실히 필요합니다. 학업 부진의 원인을 단순히 게임 중독으로 단정 짓지 마세요. 근본적으로는 그 게임을 함께 하는 또래 집단과의 관계에 더 주목해야 합니다. 예컨대 PC방 친구들과 어울리는 시간이 너무 많아졌다면, 부모가 직접 개입하기보다 아이의 고민에 귀 기울이는 것이 우선입니다. 친구 관계로 마음고생하는 아이에게 "친구가 다 무슨 소용이야, 네 공부나 해"라고 혼내기보다, "요즘 친구들이랑 어떻게 지내니? 힘든 점은 없어?"라며 애정어린 대화를 건네보세요.

셋째, 또래 간 경쟁을 자제하고, 아이에게 영감을 줄 수 있는 롤모델을 연결해주세요. 초등학교 고학년쯤 되면 친구들과의 비교에 예민해지기 마련인데, 이때 "걔는 너보다 공부 더 잘하더라"는 식의 자극은 역효과만 부릅니다. 대신 아이가 꿈꾸는 멋진 삶을 사는 어른, 특히 아이와 같은 성별의 롤모델을 주변에서 찾아주세요. 그 어른과 수시로 대화할 기회를 마련해준다면, 아이는 자연스레 "나도 저분처럼 되고 싶다"라는 동경심을 품게 됩니다.

실제로 한 중학생은 방학 때 아버지 회사에 출근해 직장 상사인 과장님을 만난 뒤로 급격한 변화를 보였다고 해요. 평소 무기력하던 아이가 "과장님처럼 멋진 엔지니어가 되고 싶다"며 수학과 과학 공부에 매진하더라는 것이죠. 어쩌면 우리 아이에게도 그런 특별한 만남 하나가 필요한 건 아닐까요.

이 세 가지 원칙만 잘 새긴다면 아이가 공부의 즐거움을 깨우치는 날이 곧 올 것입니다.

아이의 성적 때문에 너무 조급해하지 마세요. 공부라는 것이 결코 하루아침에, 한 가지 방법으로 되는 것이 아닙니다. 때로는 보이지 않는 유전적 요인의 영향을 받기도 하고, 때로는 아이의 마음을 읽어주는 부모의 세심한 노력이 필요하기도 합니다. 또한 가정과 학교를 둘러싼 환경적 요인 역시 무시할 수 없습니다.

우리 아이가 지금 당장 공부를 잘하지 못한다고 해서 낙담할 필요는 없습니다. 세상에는 늦게 피어나는 '만개형 인재'들이 존재하듯, 늦게 꽃피우는 아이들도 얼마든지 있으니까요. 소중한 우리 아이들이 자신만의 속도로, 자신만의 방식대로 꿈을 향해 전진할 수 있도록 옆에서 묵묵히 지원하고 격려해주는 것, 그것이 부모가 지금 해야 할 일이 아닐까요?

돌이켜 보면 학창 시절, 공부에 매진했던 친구와 그렇지 않았던 친구 사이에는 성인이 되어서도 분명한 차이가 납니다. 단순히 명문대 진학 여부를 떠나, 공부라는 과정 속에서 맞닥뜨린 수많은 방해요소를 극복해낸 경험 자체가 인생을 살아가는 데 있어 귀중한 밑거름이 되기 때문입니다. 어쩌면 우리 아이에겐 지금 당장 최상위권 성적표보다, 포기하지 않는 끈기와 도전정신이 더 절실할지도 모릅니다. 멋진 스펙 쌓기보다, 자신을 사랑하고 이해하는 시간이 더 필요할지도 모릅니다. 아이가 자기 삶의 주인공으로 당당히 서는 그날까지, 부모의 한결같은 사랑과 지지가 큰 힘이 됩니다.

0교시 골든타임

"부모는 자녀의 실행 능력을 탓하기 전에 의지를 방해하는 환경을 살펴봐야 합니다."

강철 같은 의지는 저절로 생기지 않습니다. 그런 의지가 발휘될 수 있는 환경이 뒷받침되어야 하죠. 우리는 대부분 평범합니다. 환경이 바뀌면 누구나 흔들릴 수 있어요. 그러니 아이의 실행력이 떨어진다고 탓하기 전에, 아이의 의지를 방해하는 환경은 없는지 살펴보세요. 적절한 공부 환경만 갖춰져도 대부분의 아이는 실행력이 크게 좋아집니다. 부모의 세심한 관심과 지원이 아이의 잠재력을 끌어올립니다.

4. 사교육보다 더 중요한 것은 회복탄력성입니다

천재 사상가 장 자크 루소는 《에밀》에서 다음과 같이 말했습니다. "아이를 불행하게 만드는 가장 확실한 방법은 아이가 원하는 모든 것을 주는 것이다. 아이의 욕망은 끊임없이 커질 것이고, 당신은 능력의 한계를 느끼게 되어 결국 아이의 요구를 거절해야 하는 순간이 찾아올 것이다. 거절이 익숙하지 않은 아이는, 채워지지 못한 욕망 때문이 아니라 거절당한 것에 더 큰 고통을 느낄 것이다." 이는 무조건적 풍요보다 적절한 '좌절' 경험이 아이의 성장에 필수적임을 강조합니다.

우리의 자녀들은 이전보다는 풍요로운 환경 속에서 자라고 있습니다. 그러나 단순히 부모의 사랑과 물질적 풍요로움만으로는 자녀 교육을 위한 최적화된 조건을 만들 수 없습니다. 오히려 역설적이게도, 요즘 아이들에게 가장 부족한 것은 '결핍'입니다. 이것은 말장난이 아닙니다. 오히려 우리 아이들이 직면한 심각한 문제입니다.

실패에서 일어서는 힘: 회복탄력성의 본질

회복탄력성이란 한 마디로 "힘든 상황에 적절히 대처할 수 있는 능력"을 말합니다. 다시 말해, 아이가 스스로 에너지를 비축해 주도적으로 자신의 삶을 통제할 수 있는 능력입니다. 고난이 닥쳤을 때 좌절하지 않고 슬기롭게 극복하여 성장해 나가는 데 회복탄력성의 핵심 가치가 있습니다.

프랑스 심리학자 디디에 플뢰의 연구에 따르면, 21세기에 아이들은 유독 참을성이 없어졌다고 진단합니다. 그 원인으로 자기중심적인 사고방식과 과도한 자아 발달을 지목했는데, 이는 현재 아이가 가정의 가장 중심인물로 여겨지는 사회적 분위기 때문이라고 합니다.

요즘 아이들은 원하는 것을 쉽게 얻고, "안 돼"라는 말에 익숙하지 않습니다. 그 결과, 조금만 힘들거나 거절을 당해도 쉽게 좌절하고 견디지 못합니다. 이러한 취약한 정신력은 성인이 되어서도 사회적 문제로 이어집니다. 따라서 자녀 교육에 있어 회복탄력성의 중요성을 인식하고 이를 키워주는 것이 필요합니다.

회복탄력성이 약한 아이들이 보이는 몇 가지 특징을 정리해 보면 다음과 같습니다. 첫째, 목표 의식이 약합니다. "나는 해도 안 돼", "차라리 안 하고 실패도 안 하는 게 더 좋아"라고 생각하며, 시도 자체를 두려워합니다. 둘째, 매사에 흥미가 없습니다. 흥미는 지속적인 동기부여의 원천인데, 이들은 스스로 흥미 유발이 잘되지 않아 무엇을 해도 금방 싫증을 내고 지칩니다. 셋째, 자발성이 낮습니다. 자발성은 생명력과 직결되는데, 이들은 타인의 도움 없이는 무언가를 하지 못하고 혼자 하는 일에 거부감과 두려움을 느낍니다.

회복탄력성을 키우는 5가지 방법

아이의 문제해결 능력, 스트레스 대처 능력, 감정이입 등의 뇌 기능은 선천적인 것이 아니라 부모의 양육 방식에 크게 영향을 받습니다. 회복탄력성 역시 부모가 아이의 감정을 잘 이해하고 정서적으로 교감하며 일상생활에서 적절히 관리하면 향상될 수 있습니다. 간단히 말해, 잘 자고, 잘 먹고, 잘 노는 것이 아이의 회복탄력성을 높이는 기본입니다. 다음은 구체적인 5가지 방법입니다.

첫째, 신체 활동을 즐기게 해주세요. 신체놀이는 항스트레스 효과가 있고, 뇌에서 진정작용을 하는 행복호르몬 '오피오이드'

를 다량 분비하게 해서 긍정적이면서 즐거운 정서 상태를 만들어줍니다. 특히 또래나 부모와 함께하는 상호작용 놀이는 전두엽의 감정조절 기능을 향상시키는 효과가 있습니다.

둘째, 자녀에 대한 기대치를 현실적 수준으로 조정하세요. 회복탄력성이 높은 아이들의 주변을 보면 아이에 대한 기대치를 적절하게 맞춘 경우가 많습니다. 시험은 항상 100점을 맞아야 하고, 모든 행동이 칭찬받아야 한다고 기대하면 아이는 스트레스를 받아 회복탄력성이 떨어집니다. 부모는 일상생활에서 명확한 기대 기준을 제시하고, 성과보다는 과정에서 얻는 즐거움을 칭찬해주어야 합니다.

셋째, 지나친 사교육과 너무 빠른 조기교육은 하지 마세요. 우리 뇌는 강제로 무언가를 주입하기보다 자유롭게 놀도록 할 때 더 활발하게 움직입니다. 긴장감 없는 편안한 환경에서 뇌가 특정 작업을 위해 다른 모드를 억제하지 않아도 되니 창의력이 더 잘 발휘됩니다. 아이마다 두뇌 발달의 패턴과 속도가 다르므로, 무조건 앞서가려 하기보다는 개별적 특성을 존중해야 합니다.

넷째, 아이가 무엇을, 어떻게 먹고 좋아하는지 보세요. 회복탄력성을 높이는 데 있어 음식은 매우 중요한 요소입니다. 두뇌와 정서 발달에 음식이 큰 영향을 미치는데, 특히 안토시아닌이 들어 있는 보라색 과일, 카로틴이 들어 있는 붉은색 과일, 비타민 C가 들어 있는 노란색 과일은 스트레스 회복에 효과적입니다. 또한 가족과 함께 식사하는 시간도 중요합니다.

다섯째, 충분히 자도록 해주세요. 수면이 부족하면 세로토닌이 감소하여 정서적으로 불안정해지고 스트레스에 취약해집니다. 규칙적인 수면 습관이 중요하며, '수면 위생'에도 신경 써야 합니다. 잠자리에 들기 1시간 전부터는 스마트폰이나 TV 같은 자극을 피하고, 잠자기 전 흥분될 수 있는 놀이도 자제하는 등 수면에 적합한 환경을 만들어주는 것이 필요합니다.

회복탄력성: 국영수보다 중요한 아이의 미래 경쟁력

현시대를 살아가는 우리 아이들에게 가장 절실한 것은 불확실한 미래를 헤쳐나가며 넘어져도 다시 일어설 수 있는 회복탄력성입니다. 어쩌면 '국영수사과'보다 더 중요한, 어떤 역경이 와도 이겨낼 수 있는 힘입니다. 불행한 가정환경과 학대를 이겨내고 성공한 오프라 윈프리, 신체적 장애를 극복하고 긍정적인 삶을 살고 있는 《오체불만족》의 작가 오토다케 히로타다, 입양아 출신으로 미국 워싱턴주의 5선 의원이 된 폴신 상원의원, 사지가 없어도 행복하다고 말하는 닉 부이치치 등은 모두 높은 회복탄력성을 가진 사람들입니다.

아이들은 작은 좌절과 실패를 경험하고 이를 극복하는 과정에서 회복탄력성이 자라납니다. 부모는 이러한 과정을 지켜보며 적절한 지원과 격려를 제공해야 합니다. 아이가 모든 것을 완벽하게 해내기를 바라기보다는, 실패해도 다시 일어설 수 있는 용기와 능력을 갖추도록 도와주는 것이 중요합니다.

회복탄력성의 기본은 '감정 조절'에서 시작합니다. 자기감정을 이해하고 조절하는 능력이 높은 아이는 스스로 동기를 부여하고 감정을 제어하는 능력도 뛰어날 가능성이 높습니다. 아이들이 자신의 감정을 이해하고 조절할 수 있으며, 타인과 건강한 관계를 맺을 수 있는 능력을 갖추도록 돕는 것이 부모의 핵심 과제입니다.

회복탄력성은 아이들이 미래 사회에서 성공적으로 살아가기 위한 필수적인 능력입니다. 학업 성취도 중요하지만, 그 이상으로 삶의 역경을 이겨낼 수 있는 내면의 단단함을 키워주는 것이 진정한 부모의 사명입니다.

0교시 골든타임

"고통을 다루는 능력을 기르는 것, 그것이 바로 회복탄력성입니다."

인생은 고통의 연속입니다. 그런데 그 고통에는 두 종류가 있어요. 목적이나 희망이 있는 고통, 그리고 그 너머에 아무것도 없는 고통. 우리는 살면서 이 두 고통 중 하나를 선택해야만 합니다. 자유로운 상태에서 방황하며 불안에 휩싸일 것인가, 아니면 스스로 목표를 세우고 그 과정의 고통을 감내할 것인가. 어떤 선택을 하든 우리는 고통과 함께 살아갈 수밖에 없습니다. 다만 그 고통을 어떻게 대처하고 극복하느냐가 중요합니다. 그것이 바로 회복탄력성입니다.

5. 대학 입시에 연연하지 않는 자녀 교육의 지혜

통계청 자료에 따르면 2023년 초중고 사교육비 총액은 약 27.1조 원으로, 전년 대비 1조 2천억 원(약 4.5%) 증가했습니다. 사교육 참여율은 78.5%, 주당 참여 시간은 7.3시간으로 모두 상승했습니다. 전체 학생의 1인당 월평균 사교육비는 43만 4천 원이며, 실제 사교육을 받은 학생 기준으로는 55만 3천 원에 달합니다. 초등학생의 경우 월평균 46만 2천 원, 중학생은 59만 6천 원, 고등학생은 74만 원을 사교육비로 지출하고 있습니다. 이는 평균 금액이므로 실제 각 가정의 부담은 더 클 것입니다.

이처럼 사교육을 받는 이유는 당연히 대학 진학을 위해서입니다. 그런데 어떤 이들은 과연 대학이라는 간판이 무슨 의미가 있느냐고 의문을 제기합니다. 일부 저명한 학자들조차 대학 교육의 필요성에 의문을 제기하며, 대안적 교육 경로를 모색해야 한다고 주장합니다.

"4차 산업혁명 시대, 대학 졸업장보다 개인의 실력과 창의성이 성공을 좌우한다."

"명문대 졸업장이 더 이상 미래를 보장하지 않는 시대."

"학력 지상주의 타파가 대한민국 교육의 질적 도약을 위한 첫 걸음이 된다."

"취업도 안 되는데 대학 졸업장은 아무 의미 없다."

"의대가 아니면 대학이 아닌 시대."

그러나 이런 주장을 펼치는 분들 대부분이 명문대 출신이라는 사실이 아이러니입니다. 자신들은 좋은 대학을 나왔으면서 정작 다른 이들에게는 대학이 중요하지 않다고 말하는 것은 모순적으로 보입니다.

대학 진학, 정말 의미 없는 걸까?

저출산과 고령화로 인한 인구 절벽, 그리고 심각한 취업난 속에서 대학 졸업장의 가치가 퇴색되는 듯 보입니다. 그러나 우리 사회 깊숙이 뿌리박힌 학력주의와 학벌주의는 여전히 강력한 영향력을 행사하고 있습니다. 뉴스에서 고졸 성공 사례를 다룰 때마다 특별 케이스로 다뤄지는 이유도 이것 때문입니다. 우리 마음

속에는 여전히 대학에 가야 한다는 생각이 크게 자리 잡고 있습니다.

창의력과 열정만으로 성공할 수 있다는 메시지는 분명 희망적이지만, 이는 현실을 지나치게 단순화한 것일 수 있습니다. 빌 게이츠나 스티브 잡스처럼 대학을 다니지 않고도 세계적인 기업을 일궈낸 인물들의 사례는 많은 이들에게 영감을 줍니다. 하지만 이러한 사례를 일반화하는 것은 위험합니다. 그들에게는 대학 졸업장이 없어도 될 만한 재능과 노력, 자본이 있었기 때문입니다.

현실을 살펴보면 대기업 임원진 대부분이 명문대 및 해외 유명 MBA 출신입니다. 창업자의 자녀가 아닌 이상, 고졸 출신으로 대기업 간부까지 오른 사람은 찾기 힘듭니다. 즉, 사회적 성공을 위해서는 여전히 학력이 중요한 요소로 작용하고 있음을 부인할 수 없습니다. 대학 졸업장, 특히 명문대 브랜드는 개인에게 일종의 프리미엄으로 작용합니다. 명품 가방을 들었을 때 느끼는 만족감과 비슷하다고 할 수 있겠죠. 특히 취업 시장에서 이러한 학벌의 영향력은 더욱 두드러지게 나타나며, 동일한 능력과 경험을 가졌다 하더라도 출신 대학에 따라 기회의 크기가 달라지는 것이 현실입니다.

누군가가 아무리 "대학 졸업장에 의미가 없다"고 말해도, 여전히 좋은 대학과 학과에 진학하는 것은 대한민국에서 부모와 자녀가 추구하는 최고의 가치 중 하나로 남아 있습니다.

대학 교육의 새로운 패러다임: 전문성과 실용성의 조화

앞으로는 학벌보다 개인의 실력과 혁신적 가치 창출 능력이 핵심 경쟁력으로 부상할 것입니다. 그러나 이러한 변화에도 불구하고 대학 교육이 지닌 본질적 가치는 여전히 유효합니다. 오히려 자신이 하고 싶은 일을 하려면 대학 교육 이상의 전문성이 요구되는 시대이기 때문입니다.

의대, 치대, 한의대 등 의료계열은 물론이고 IT 개발자, 경영자, 창업가 등 다양한 분야와 직종에서 대학 및 대학원 교육은 필수입니다. 학생들이 선호하는 직업 상위 10개를 보더라도 대부분 대학 교육이 필요한 일들입니다. 심지어 유튜브 크리에이터나 웹툰 작가 등 새 직업군에서도 전문 교육과정 이수가 필수 요건으로 자리잡고 있습니다. 과거에는 도제식 교육이 가능했지만, 이제는 전문 교육 기관에서 체계적인 교육을 받는 것이 더 효율적이기 때문입니다. 특히 4차 산업혁명 시대에 접어들면서 융복합적 지식과 실무 능력을 동시에 요구하는 직종이 늘어나고 있어, 대학 교육의 중요성은 더욱 커지고 있습니다.

기술 분야 역시 마찬가지입니다. 단순히 기술만 익히는 것이 아니라, 이론적 바탕을 갖추고 전문 지식을 습득하는 것이 중요해졌습니다. 대학에서의 교육은 이를 위한 최적의 환경을 제공합니다. 뷰티나 미용 분야에서도 석사, 박사 학위 취득을 통해 더 높은 전문성을 갖추는 경우가 늘고 있습니다. 대학 교육을 통해 자기 분야에서 한 단계 더 도약하려는 노력이 어느 때보다 활발한 것이 사실입니다.

인구 감소 시대, 대학 가치의 재조명

그럼에도 대학을 반드시 가야만 하는 것은 아닙니다. 대학 진학은 어디까지나 개인의 선택이며, 모두에게 필요한 것은 아닙니다. 중요한 것은 자신이 무엇을 원하는지, 그리고 그것을 이루기 위해 어떤 교육과 경험이 필요한지 냉철하게 판단하는 것입니다.

다만 한 가지 분명한 사실은 인구 감소로 인해 사회의 양극화는 더욱 심화될 것이며, 최상위 대학의 가치는 오히려 높아진다는 점입니다. 인구가 줄수록 상위권 대학의 희소성은 더욱 커지기 때문입니다. 따라서 특별한 재능이 없다면 일단 공부에 매진하는 것이 현명한 선택일 수 있습니다. 공부 과정에서 자신의 적성과 흥미를 발견할 가능성도 있습니다.

부모의 역할도 중요합니다. 자녀가 학업에 몰입할 수 있는 최적의 환경을 조성하고, 정서적 안정감을 채워주는 든든한 지지자가 되어야 합니다. 영어와 독서 등 기본적인 학습 역량 강화에 주력하되, 4차 산업혁명 시대에 걸맞은 디지털 리터러시와 창의적 문제 해결 능력 개발에도 관심을 기울여야 합니다.

유의할 점은 있습니다. 단순히 학위를 따려고 수준 낮은 대학에 진학하는 것은 바람직하지 않습니다. 오히려 시간을 갖고 진로에 대해 깊이 고민하는 것이 더 의미 있을 수 있습니다.

또 한 가지 강조하고 싶은 것은, 입시를 준비하는 학생들의 땀과 노력이 존중받아야 한다는 점입니다. 좋은 대학에 합격했다는 것은 그만큼 학생이 성실하게 노력했다는 증거이기 때문입니다. 그러한 학생들에게 "대학은 중요하지 않다"라고 하는 것은 그들의 노력을 폄하하는 것과 다름없습니다. 오히려 "네가 원하는 것이 무엇이든 열심히 노력하는 모습이 보기 좋다"와 같은 응원이 필요할 것입니다.

미래에 대학의 영향력이 어떻게 변화할지는 현재로선 단언할 수 없습니다. 학벌이 무의미해질 수도 있고, 오히려 학력 중심 사회가 더 강화될 수도 있습니다. 그러나 이는 개인이 통제할 수 있는 문제가 아닙니다. 중요한 것은 자신이 원하는 일을 하는 데 무엇이 도움이 되는지 냉철하게 판단하는 태도입니다. 남들의 성공 공식을 무작정 따르기보다는 가치관에 따라 올바른 선택을 하는 것, 그것이 변화의 시대를 살아가는 지혜입니다.

누군가에게 대학은 새로운 인생의 전환점이 될 수 있고, 또 다른 누군가에게는 단지 낭비일 수 있습니다. 어떤 선택을 하든, 후회 없이 자신의 길을 걷는 것이 진정 의미 있는 삶을 사는 비결이 아닐까요? 대학 진학을 둘러싼 사회적 담론에 휩쓸리기보다는 자신만의 기준을 갖고 삶을 개척해나가는 태도가 필요합니다.

0교시 골든타임

"대학의 의미와 가치 역시 결국 스스로 만들어 가는 것입니다."
대학은 취업을 위한 단순한 경유지가 아닙니다. 인생의 황금기에 세상을 향한 눈을 키우고 내면의 깊이를 더해가는 성장의 장입니다. 다양한 배경의 사람들과 교류하며, 때로는 치열한 토론을 통해 자신만의 가치관과 철학을 정립해가는 소중한 시간이죠. 핵심은 이 시간의 의미를 스스로 채워가는 것에 있습니다. 대학에서 무엇을 배우고, 어떤 경험을 쌓을지는 전적으로 개인의 선택과 노력에 달려 있기 때문입니다.

6. 아이의 잠재력을 키우는 진로 탐색법

최근 미국 노동통계국의 조사에 따르면 18세에서 42세의 성인들은 평균적으로 10번 직업을 바꿉니다. 미국 대학생의 경우 30%의 학생들이 전공을 바꾸고 무려 70%가 전공을 두 차례 이상 변경하는 것으로 나타났습니다. 그리고 2023년 기준 이른바 SKY 대학교의 자퇴생은 무려 2,000여 명에 달합니다.

많은 부모가 자녀의 진로 문제로 고민합니다. "우리 아이는 꿈이 없어요. 애가 게을러 터져가지고…. 무엇을 하고 싶은지 당최 모르겠대요." 우리는 인생의 목표를 세우고 구체적인 계획을 세우는 것이 당연하다고 여깁니다. 하지만 정작 무엇을 해야 할지, 무엇을 하고 싶은지 모르는 경우가 많습니다. 특히 청소년기 자녀들은 진로에 대한 고민이 깊어질수록 막연함을 느끼곤 합니다. 목표 없이 방황하는 자녀, 진로 앞에서 머뭇거리는 자녀에게 우리는 어떤 조언을 해줄 수 있을까요?

포기하지 않는 마음가짐의 힘

한 분의 인생 스토리를 들려드리겠습니다. 그분은 어릴 때부터 작가의 꿈을 키웠습니다. 문예창작과를 졸업하고 글쓰기와 관련된 여러 활동을 했지만, 현실의 벽 앞에서 꿈을 접어야 했습니다. 생계를 위해 다른 직업을 선택한 것이죠.

하지만 꿈을 향한 열망은 식지 않았습니다. 40대에 신춘문예에 당선되어 작가로 데뷔했습니다. 택배회사, 편의점에서 일하면서도 꿈을 향한 노력을 멈추지 않았습니다. "저는 그냥 등단을 하기 위해 무식하게, 최선을 다했어요." 이처럼 진정 원하는 일이 있다면, 그 과정이 순탄치 않더라도 포기하지 않는 인내가 필요합니다. 주변의 편견과 현실의 장벽에 부딪힐 때도 흔들리지 않는 마음가짐이 중요합니다. 오늘의 작은 실천들이 모여 내일의 위대한 성취를 이뤄낸다는 믿음으로, 묵묵히 자신의 길을 개척해 나가야 합니다.

각자의 여정은 분명 다를 수밖에 없습니다. 어떤 이들은 빠르게 진로를 정하고 밀어붙이는 스타일이고, 또 어떤 이들은 천천히 자신의 길을 모색합니다. 중요한 것은 자기에게 맞는 방식을 찾아 꾸준히 노력하는 것입니다.

제 주변에도 살면서 진로를 여러 번 바꾼 사람이 많습니다. 그들은 한결같이 자신이 진정 갈망하는 삶을 위해 모든 것을 쏟아부었습니다. 대학 전공과 직업이 달라도, 심지어 중년에도 이 길이 아니다 싶으면 진로를 전환해도 괜찮습니다. 언제든 새로운 도전은 가능하니까요.

자녀의 진로 고민과 탐색 과정은 그 자체로 결코 헛된 것이 아님을 믿어주세요. 비록 지금은 뚜렷한 목표가 보이지 않을지 모르지만, 다양한 경험을 통해 자신의 적성과 흥미를 발견해 나갈 것입니다. 초등학교 때의 현장학습, 중고등학교 시절의 독서는 간접 경험을 쌓는 소중한 기회가 됩니다. 나아가 대학 입시에서 중요하게 평가하는 '전공 적합성' 역시 해당 분야에 대한 지속적인 관심과 탐구의 과정을 반영하는 지표라 할 수 있습니다.

진로 탐색을 도와주는 부모의 역할

자녀의 진로를 둘러싼 부모들의 고민은 깊습니다. 안타까운 마음에 조급해지기도 하고, 때로는 본인의 뜻을 강요하고 싶어질 때도 있습니다. 하지만 이런 접근은 자칫 역효과를 부를 수 있습니다.

무엇보다 자녀가 진로를 고민하고 탐색하는 과정 자체를 응원해주는 것이 중요합니다. 비록 부모 눈에는 비현실적으로 보이는 꿈일지라도, 자녀의 이야기에 귀 기울여주세요. 진지하게 고민하는 모습 자체가 값진 성장의 과정임을 믿어주십시오.

사실 진로 탐색의 과정은 어른들에게도 낯선 영역입니다. 부모 세대 중에도 자기 적성과 소질을 깊이 생각해볼 기회가 많지 않았던 분이 대다수입니다. 주어진 환경 속에서 안정적인 길을 선택해야 했던 것이 현실이었습니다.

하지만 지금 아이들은 다릅니다. 자신이 진정 원하는 삶이 무엇일지 끊임없이 고민합니다. 가끔은 방황하고 실수하기도 하지만, 그 과정을 통해 성장해갑니다. 부모에게 필요한 것은 자녀 스스로 적성과 흥미를 탐색할 수 있게 도와주는 것입니다.

자녀의 진로를 탐색할 때, 부모가 할 수 있는 가장 의미 있는 역할은 바로 '동행'입니다. 아이들 앞에 펼쳐진 다양한 길을 함께 걸어가 보세요. 각각의 길이 어떤 모습인지, 그 길을 걸었을 때 어떤 풍경이 펼쳐질지 상상해보는 것입니다. 자녀의 적성과 흥미, 가치관을 고려했을 때 어떤 길이 가장 어울릴지 깊이 있게 토론하기도 하면서.

충분한 시간을 할애하여 부모와 자녀가 함께 희망 진로를 찾아보는 것은 어떨까요? 함께 자료를 찾아보고, 진로 목록을 작성한 뒤 우선순위를 매겨볼 수 있습니다. 관심 분야의 책을 읽어보거나 현장 체험을 하는 것도 많은 도움이 됩니다.

다만 꿈과 현실의 균형을 잡아주는 조언도 필요합니다. 꿈을 이루기 위해서는 반드시 땀과 노력이 수반되어야 합니다. 자녀가 선택한 길을 가기 위해 어떤 역량을 갖춰야 하는지, 어떤 준비가 필요한지 구체적으로 짚어주세요. 예를 들어 의사가 되고 싶다면, 높은 학업 성취도는 물론 인간에 대한 깊은 이해와 소통 능력도 갖춰야 합니다. 교사가 꿈이라면 아이들을 사랑하는 마음, 끝없는 인내심과 창의력이 필요할 것입니다. 승무원이 되고 싶다면 탁월한 언어 능력과 서비스 마인드를 키워야 할 것입니다.

부모의 냉철한 조언보다 따뜻한 격려가 더 필요할 때도 있습니다. 앞으로 나아가려는 자녀의 용기 있는 발걸음을 응원해주세요. 작은 성공을 거둘 때마다 진심 어린 축하를 보내주세요. 시행착오를 겪을 때마다 재도전하도록 용기를 북돋아주세요. 그 모든 과정이 성장의 디딤돌이 될 것이라는 믿음을 전해주세요.

성장의 증거, 값진 방황

"인간은 노력하는 한 방황하기 마련이다." 괴테의 말입니다. 우리는 종종 방황을 시간의 낭비로 여깁니다. 헤매고 갈팡질팡하는 것은 시간 낭비처럼 보이기 때문이죠. 하지만 사실 방황은 성장을 위한 필수 과정입니다. 자신만의 길을 찾아가기 위해서는 시행착오를 겪을 수밖에 없습니다. 실패와 좌절 경험이 오히려 성장의 자양분이 되어주기도 합니다.

자녀가 진로에 대해 방황하는 모습을 보면 부모는 불안해집니다. 하지만 그 방황이 건전하다면 오히려 값진 자산이 됩니다. 진지하게 고민하고 노력하는 과정이라면, 그 자체로 값진 시간이 될 수 있습니다. 그리고 부모가 제안한 길을 자녀가 수용하고 열심히 걸어가고 있다면, 그 또한 존중받아 마땅합니다. 중요한 것은 진로 선택의 주체가 자녀 자신이어야 한다는 점입니다. 주변의 기대에 떠밀려 수동적으로 따라가는 것이 아니라, 자기 삶의 주인공으로서 곧은 의지를 갖고 노력하는 자세가 필요합니다.

포기하지 않는 한 언젠가는 자신만의 길을 찾을 것입니다. 지금의 방황과 좌절이 훗날 값진 경험이 되어 인생의 무기가 될 것입니다. 꿈을 향해 한 걸음 한 걸음 전진할 때마다, 아이들은 조금씩 성장합니다. 자신만의 속도로, 자신만의 방법으로 꿈을 찾아갈 수 있도록 충분한 시간을 주세요. 느리더라도 괜찮습니다.

인생에 정답이란 존재하지 않습니다. 누가 뭐라고 하든 그 끝은 가봐야 알 수 있는 거예요. 이 시기 부모가 자녀에게 해줄 수 있는 가장 큰 격려는 바로 '믿음'입니다. 비록 우여곡절 가득할지라도 끝까지 믿고 지지해주세요. 넘어질 때마다 다독여주고, 물음표를 던질 때마다 함께 고민해주는 든든한 버팀목이 되어주십시오.

0교시 골든타임

"자녀 스스로 원하는 길을 선택하고 걸어갈 수 있도록 돕는 것이 부모가 할 수 있는 길잡이 역할입니다."

진로에 있어 부모의 역할은 길잡이가 되어주는 것입니다. 우리 기준이 아닌, 아이 스스로의 흥미와 적성에 맞는 길을 찾을 수 있도록 옆에서 돕는 거예요. 만약 부모의 뜻대로 아이의 진로를 정해버리면, 아이는 그 길을 가면서도 늘 행복하지 않습니다. 아이가 원하는 바를 존중하고, 그 꿈을 이룰 수 있도록 응원하고 지지하는 것이 아이의 진로를 위해 할 수 있는 최선입니다.

7. 좋아하는 일 vs. 잘하는 일

이 질문은 누구에게나 참으로 어려운 숙제입니다. 심지어 세상을 성공적으로 헤쳐 나가는 이들조차도 의견이 엇갈립니다. 경영학의 거장 피터 드러커는 "좋아하는 일보다 잘하는 일에 주력해야 한다"라고 강조한 반면, 알리바바 그룹의 창업자 마윈은 "좋아하는 일을 하라. 진정 즐기는 일에서 혁신이 시작될 것"이라고 했습니다.

이 딜레마는 우리 자녀들의 삶에도 뿌리 깊게 작용합니다. 사춘기와 입시라는 관문을 지나 대학에 진학한 후에도, 어엿한 어른이 된 다음에도 말이죠. "도대체 내가 좋아하는 게 무엇이고, 잘하는 일은 또 뭘까?"라는 근본적인 질문 앞에서 누구나 한 번쯤 멈칫거리게 됩니다.

명문대를 나오고 일류 기업에 들어가더라도 이런 고민은 자동으로 해결되지 않습니다. 현실을 들여다보면 이내 알 수 있죠. 대기업 신입사원의 16.1%는 1년이 채 되기 전에 사표를 던지고, 중소기업까지 포함하면 10명 중 3명 이상이 첫 직장 경력은 1년을 넘기지 못합니다. 구직자들이 꼽는 퇴사 사유 1위는 연봉 불만족이고, 그 뒤를 잇는 건 업무 스트레스와 복지 부족입니다.

좋아하는 일을 하며 살 것인가,
잘하는 일로 성공할 것인가

"결국엔 좋아하는 일을 택하는 게 현명하다"라는 지론을 펼치는 이들이 있습니다. 잘하는 일은 결국엔 싫증을 불러오지만, 좋아하는 일은 지속 가능하다는 논리입니다. 애정 어린 시선으로 바라보는 일에 온 힘을 쏟다 보면 자연스레 전문성도 뒤따른다는 거죠. 인생의 첫 출발선에 선 청춘들에겐 더없이 매력적으로 느껴지는 조언입니다.

하지만 "잘하는 일에 방점을 찍어야 한다"라는 목소리도 만만찮습니다. 좋아하는 일이 직업이 되는 순간, 본인도 모르게 회의감이 찾아온다는 것이죠. 애초에 좋아하는 건 개인 취미로 간직하는 편이 낫다고 주장합니다. 순간의 열정이 평생을 책임질 수는 없는 노릇 아니겠습니까. 잘하는 일에 전념하다 보면 어느새 그 일 자체를 좋아하게 될 거라고 봅니다. 아울러 살벌한 경쟁 사회에서 두각을 나타내려면 남다른 실력이 필수적이라고 역설합니다.

도전에 나서는 자녀들을 위한 부모의 역할

사실 고민에 앞서 우리 자녀 스스로가 좋아하는 일, 잘하는 일이 무엇인지 깊이 있게 탐구해보도록 이끄는 것이 급선무입니다. 하지만 이건 하루아침에 해결될 문제가 아닙니다. 적성이나 재능은 타고나는 것이 아니어서 찾기가 쉽지 않을뿐더러, 사람의 마음이란 것도 어찌 보면 수시로 변하기 마련이니까요.

이럴 때 우리에겐 '성장 마인드셋'이 어느 때보다 절실합니다. 노력하면 얼마든지 발전할 수 있다는 긍정적 믿음 말이죠. 하지만 성장 마인드를 체화하고 있다고 해도 타인의 눈부신 재능 앞에선 주눅 들기가 쉽습니다. 좌절하고 싶어지는 순간, 우리는 어떤 자세를 취해야 할까요? 좋아하는 일과 잘하는 일을 선택하기 전에 자녀가 반드시 해볼 만한 다섯 가지를 소개하겠습니다.

첫째, 자녀만의 비전 로드맵을 만들어보세요. 디테일할수록 좋습니다. 꿈과 목표를 수시로 리마인드해 주세요. 자녀 방에는 교과서와 학원 교재가 수북이 쌓여 있겠지만, 자녀와 함께 작은 보드판을 사서 비전 로드맵을 만들어보세요. 비전 로드맵은 아이가 잘 볼 수 있는 곳에 두고, 가능한 한 구체적으로 작성하되 키워드만 적어도 효과적입니다. 입시나 취업으로 힘들어하는 자녀에게 꿈과 미래의 비전을 상기시켜주는 데 도움이 될 거예요.

둘째, 부모는 자녀의 꿈을 이유 없이 응원해야 합니다. 자녀가 아이돌, 연예인 혹은 예체능 분야를 꿈꾼다고 할 때 많은 부모는 부정적인 반응을 보입니다. 하지만 특별한 경험이나 전문성을 가진 손흥민의 아버지나 김연아의 어머니 같은 사람이 아니라면, 그 꿈을 섣불리 판단해서는 안 됩니다. 자녀의 꿈을 무시하거나 일축하는 태도는 오히려 불안과 좌절감을 키울 뿐입니다. 부모가 자녀의 행복을 진심으로 바란다면 이유 없이 꿈을 응원해야 합니다. 도전의 여정을 격려하는 과정에서 좋아하는 일, 잘하는 일의 실마리가 보일 테니까요.

셋째, 자녀가 희망하는 분야에서 일하는 사람들과의 만남을 주선하세요. 자녀가 관심 있어 하는 일을 하는 사람들의 영상을 찾아보고, 강연도 직접 들으러 가 보세요. 그 일을 하기 위해 어떤 준비가 필요한지, 학업적으로 어느 정도 수준을 유지해야 하는지 파악할 수 있습니다. 생생한 조언과 귀감이 되는 본보기는 무엇과도 바꿀 수 없는 원동력이 될 것입니다.

넷째, 천천히, 그러나 꾸준히 나아가야 합니다. 좋아하는 일과 잘하는 일은 하루아침에 찾을 수 있는 게 아닙니다. 몸짱이 되기 위해 단기간 다이어트를 하는 것처럼 단기간에 찾으려 하지 마세요. 꾸준한 노력을 통해 서서히 발견해나가는 것이 중요합니다. 좋아하는 일과 잘하는 일은 찾는 것이 아니라 만들어가는 것임을 명심하세요.

다섯째, 자신의 선택에 확신을 가져야 합니다. 좋아하는 일과 잘하는 일을 찾기 위해 선택한 과정 자체가 소중한 경험입니다. 자녀가 스스로 선택한 길을 응원해주세요. 그 과정 자체가 값진 경험이자 밑거름이 될 테니까요. 결과와 상관없이 후회는 절대 금물입니다.

성장하는 사람에겐 실패란 없습니다

당신의 인생 무대에 두 명의 댄서가 등장합니다. 하나는 '열정'이라는 이름의 화려한 플라멩코 댄서, 다른 하나는 '재능'이라 불리는 정교한 발레리나입니다. 이들은 당신에게 함께 춤출 파트너를 선택하라고 손짓합니다.

플라멩코 댄서는 불꽃 같은 열정으로 당신의 마음을 사로잡습니다. 그의 춤은 때론 서툴지만, 그 열기만큼은 누구도 따라올 수 없습니다. 반면 발레리나는 완벽한 기교로 당신을 매혹시킵니다. 그녀의 우아한 동작은 관객들의 탄성을 자아냅니다.

어느 쪽을 선택해야 할지 망설이는 당신에게 무대 뒤에서 한 목소리가 들려옵니다. "왜 하나만 골라야 하나요? 둘 다와 춤추세요!" 그 순간 당신은 깨닫습니다. 인생이란 무대에서 우리는 때로는 열정의 리듬에 맞춰, 때로는 재능의 박자에 발을 맞추며 춤출 수 있다는 것을요.

춤을 추다 보면 어느새 열정과 재능이 하나로 어우러지는 순간이 찾아옵니다. 그때 당신은 비로소 깨닫게 됩니다. 진정한 춤은 남을 위해 추는 것이 아니라, 자신의 내면의 리듬에 귀 기울이며 추는 것임을.

인생이란 무대에서 우리는 모두 독특한 안무가입니다. 때로는 열정의 불꽃으로, 때로는 재능의 정교함으로 자신만의 춤을 만들어갑니다. 실수와 실패는 그저 새로운 동작을 익히는 과정일 뿐. 끊임없이 배우고 도전하며 춤을 추다 보면, 어느새 우리는 인생이라는 무대의 주인공이 되어 있을 것입니다.

0교시 골든타임

"자녀 스스로 만드는 선택이 가장 빛나는 미래가 됩니다."

우리 아이들의 미래를 부모가 섣불리 예단하지 마세요. 마치 리트머스 시험지가 반응을 보이기 전까지 그 결과를 알 수 없듯이, 아이의 가능성도 미리 단정 지을 수 없습니다.

많은 부모가 "다 너를 위해서야"라고 말합니다. 하지만 자녀가 힘들어 한다는 걸 알면서도 계속 강요한다면, 그건 진정 자녀를 위한 것이 아닌 부모의 집착일 뿐입니다.

누구라도 뭔가를 선택하고 시도한다는 것은 쉽지 않은 일입니다. 어렵게 내린 결정이 오히려 더 큰 어려움을 가져올 수도 있기 때문입니다. 설령 그 선택이 시행착오를 동반할지라도, 결정의 주체는 반드시 자녀가 되어야 합니다.

가장 중요한 것은 아이들이 어떤 길을 선택하든, 어디로 가든 잘 해낼 수 있다는 믿음을 스스로 가질 수 있게 하는 것입니다.

8. 초등 영재 교육, 부모가 알아야 할 진실

초등학생 자녀를 키우는 학부모들은 흔히 "우리 아이, 영재 아냐?", "누굴 닮아서 이렇게 똑똑하지?", "서울대는 그냥 가겠는데" 하는 생각을 자주 합니다. 중학교에 올라가면 "일반고를 어떻게 보내, 우리 애는 무조건 특목고 갈 애야", "못 해도 스카이는 갈 거야"라고 생각하고, 중2부터 성적이 조금 떨어져도 "고등학교 가면 제대로 실력 발휘할 거야"라고 기대합니다.

이런 기대가 계속되면 좋겠지만, 본격적인 입시가 시작되는 고등학교에서 현실과 마주하면서 한순간에 무너져버립니다. 그래도 여전히 "인서울은 갈 수 있겠지?", "머리는 좋은데 왜 이렇게 노력을 안 하지?", "고3 되면 정신 차리겠지"라며 자녀에 대한 끝없는 기대를 놓지 못합니다.

초등 자녀를 둔 학부모들의 기대 수위가 날로 높아지고 있습니다. 기대 자체가 문제는 아닙니다. 가끔은 이렇게 믿어주고 응원하는 것이 필요합니다. 사교육비를 아끼지 않고 쏟아붓는 부모 입장에서는 자연스러운 생각일 수 있습니다.

하지만 자녀 공부에 대한 지나친 기대는 아이에게 부담으로 작용합니다. 오히려 부모의 과한 기대가 공부에 소질이 있는 아이의 잠재력을 가로막을 수도 있다는 점을 기억해야 합니다.

암기력이 전부가 아닌 이유

초등학교 때 영재로 불리고 한 번 배운 것을 술술 암기해서 말하는 아이들이 SKY에 가지 못하는 이유는 무엇일까요?

"초등 시절 공부를 잘했다"라는 말은 어떤 것을 잘 외우는 아이를 가리킬 수도 있습니다. 사실 암기력은 가장 단순한 형태의 지능입니다. 암기를 잘하는 아이는 지능이 높다기보다는 여러 지능 요소 중에서 암기력이 가장 발달한 것일 수 있습니다. 실제로 지능지수가 평균 이하인데도 암기력이 뛰어난 아이들이 있습니다. 이런 아이들은 학년이 올라갈수록 성적이 떨어지는 경우가 많습니다. 암기력 외에 다른 사고력은 떨어지기 때문입니다.

이런 경우에는 부모가 아무리 지원해줘도 지능 자체를 높일 수 없습니다. 그러므로 공부에 너무 집착하기보다는 아이의 다른 잠재력을 계발하는 것이 더 중요합니다. 꼭 공부가 아니더라도 아이가 잘할 수 있는 다른 능력을 찾아주는 것이 필요합니다.

반면에 전반적인 지능은 높지만 특정 학습 능력이 떨어진다면 학습장애일 수 있습니다. 이런 아이들은 전문적인 학습 치료를 받으면 크게 호전되기도 합니다. 학습 치료 과정에서 아이가 정서적인 상처를 받지 않도록 세심한 주의를 기울여야 합니다.

지능에는 문제가 없으나 정서적 불안정, 가정불화, 학업 스트레스 등으로 학습 의욕을 잃은 아이들도 있습니다. 이런 경우에는 원인이 대부분 가정환경과 부모에게 있습니다. 부모는 안정적인 학습 환경을 조성하고 화목한 가정 분위기를 만들어주어야 합니다. 또한 아이에게만 공부를 강요할 것이 아니라, 부모 스스로 공부하는 모습을 보여주는 것이 크게 도움이 됩니다.

초등 학부모들이 흔히 하는 착각 BEST 5

첫째, 대치동 소재 학원이라면 모두 우수하다는 환상입니다. 먼 곳에 살면서도 학원 버스를 태우거나 직접 차로 데려다주면서까지 대치동 학원을 선호하는 부모가 많습니다. 최근에는 의대 증원과 함께 유튜브를 통해 대치동 학원이 더욱 활발히 소개되고 있어, 이러한 믿음이 더 확산되고 있습니다. 하지만 대치동 학원이 모두 좋은 학원이라는 근거는 없습니다. 학원을 선택할 때는 부모가 직접 선생님과 신중하게 상담하고, 학원 분위기도 확인해보는 것이 중요합니다. 학원 상담 담당자나 원장들의 현란한 말솜씨에 휘둘려서는 안 됩니다. 대치동 학원 중에서 정말 좋은 학원은 이미 아는 사람끼리의 정보라는 점을 기억하세요.

둘째, 초등 시기의 성적이 평생을 좌우한다는 맹신입니다. 요즘 초등생과 학부모를 대상으로 장사하는 사람들이 많아졌습니다. 이들은 "초등 성적이 평생을 좌우한다"라는 말로 학부모들을 불안하게 만듭니다. 초등학교 4학년 성적이 대학 진학에 결정적인 영향을 미친다는 말도 종종 들리는데, 이는 사실이 아닙니다. 초등학교 때 '똑똑하다'는 평가를 받던 아이들 중 70%가 중고등학교에서 성적이 떨어진다는 사실을 아셔야 합니다. 초등학교에서의 시험은 맞추도록 구성된 반면, 중고등학교 시험은 틀리도록 설계되어 있습니다. 따라서 집에서 정답을 찾는 것과 학교 시험에서 틀리지 않는 것은 전혀 다른 문제입니다.

셋째, 밥상머리 교육을 하면 공부를 잘한다는 착각입니다. 최근에는 밥상머리에서 자녀와 많은 대화를 나누면 공부를 잘한다는 이야기가 있습니다. 하지만 대화의 내용이 중요하며, 무작정 대화를 많이 한다고 해서 효과를 보장할 수는 없습니다. 자녀와의 대화는 자연스럽고 편안한 일상적인 이야기로 구성해야 하며, 아이의 잘못에 대한 언급은 피하는 것이 좋습니다. 밥상머리 대화가 오히려 아이에게 불편함을 줄 수 있으니, 대화는 간결하고 편안하게 나누는 것이 바람직합니다.

넷째, 다른 엄마들과 정보 교환을 해야만 아이가 공부를 잘한다는 착각입니다. 엄마들끼리 하는 어설픈 정보 교환은 오히려 아이에게 해가 될 수 있습니다. 맘카페 등에서 공유되는 정보의 90%는 사실 학원 광고입니다. 그리고 설령 그 정보가 맞다 하더라도 그 아이에게 맞는 공부법이 우리 아이에게도 적합하다는 보장은 없습니다.

기업에서는 '베스트 프랙티스'라는 개념을 사용합니다. 특정 분야에서 최고의 성과를 낸 방식을 다른 기업들이 벤치마킹하는 것인데요. 하지만 그것을 그대로 따라 한다고 해서 모두 성공하는 것은 아닙니다. 마찬가지로 다른 아이의 성공담을 듣고 무작정 따라 한다고 내 자녀도 성공한다는 보장은 없습니다. 내 아이의 상황에 맞는 방법을 찾는 것이 중요합니다. 각 아이마다 가진 재능과 성향, 학습 속도가 다르듯이, 교육 방식 역시 개별화되어야 하기 때문입니다.

다섯째, 엄마가 희생하면 아이가 공부를 잘한다는 착각입니다. "엄마가 너 때문에 이렇게 고생한다"라는 식의 말은 절대 하지 마세요. 아이가 엄마에게 직장을 그만두라고 한 적이 없습니다. 만약 자녀 교육을 '희생'이라고 생각한다면, 지금 부모와 자녀 사이에 어떤 문제가 있다는 뜻입니다. 어린아이가 부모의 '희생'을 제대로 이해하기는 어렵습니다. 오히려 그런 말은 아이에게 큰 부담과 스트레스만 안겨줄 뿐입니다.

자녀가 공부를 잘하길 바란다면

우리는 자녀가 좋은 대학에 진학하고 훌륭한 직업을 갖기를 바랍니다. 공부를 잘하는 것은 분명 좋은 일입니다. 학업 성취는 더 넓은 기회와 선택지를 제공하는 것이 사실입니다. 그러나 자녀에 대한 사랑과 관심이 초등학교 때에만 집중되어서는 안 됩니다. 사랑은 지속적이고 꾸준해야 합니다. 그리고 자녀가 공부를 잘하길 바란다면, 가르치기보다는 부모가 직접 공부하는 모습을 보여주어야 합니다.

부모가 보이는 모습이 가장 중요합니다. 모범을 보이지 않는 부모에게서 자녀는 배울 것이 없다고 생각합니다. 자녀에게 보여주고 싶은 삶의 태도, 그것을 부모가 먼저 실천하는 것이 진정한 자녀 교육의 시작입니다.

0교시 골든타임

“초등 시절에 형성된 올바른 ‘공부 정서’가 공부를 잘하게 만드는 유일한 비결입니다.”

좋은 공부 습관의 기초는 초등학교 시기에 다져집니다. 이 기초를 다지는 책임은 학원이 아닌 부모에게 있습니다. 아이를 가장 잘 아는 사람은 바로 엄마이기에, 아이의 특성과 수준에 맞는 공부 환경을 조성해주세요. 아이의 강점을 더욱 키우고, 부족한 부분은 따뜻한 격려로 채워주며, 긍정적인 공부 정서를 심어주는 것이 중요합니다. 지금 만들어주는 긍정적인 공부 태도야말로 아이가 훗날 공부의 길을 끝까지 걸어가게 하는 힘이 될 것입니다.

9. 재수하면 진짜 성적이 오를까?

2024학년도 대학수학능력시험에 응시했던 재수생의 비율은 31.7%로 1996년 수능 이래 28년 만에 최고 수준을 기록했습니다. 학령인구 절벽시대에도 '재수생'들의 비율은 계속해서 늘어날 것으로 예측되는데요, 과연 재수를 하면 좋은 점수를 받고 원하는 대학에 갈 수 있을까요?

과연 재수를 하면 성공할까요? 여기서 성공이란 현역 고3 때보다 더 좋은 점수를 받고 원하는 대학에 입학하는 것을 말합니다. 각종 입시 커뮤니티에서도 '케바케'라고 하죠. 점수가 오른 학생도, 떨어진 학생도 있습니다. 재수라는 선택이 개인적인 문제라서 조심스럽지만, 그래도 재수의 현실을 조금이라도 알면 결정하는 데 도움이 될 것이므로 이야기해보겠습니다.

재수, 성공할 수 있을까?

내신 경쟁이 심한 지역의 아이들은 고1 시절부터 '정시러'를 외치며 수능에 매달리는 것이 자연스러운 현상이 되었고, 사회 시간에 수학 문제 푸는 아이들을 선생님들이 더 이상 제재하지 않습니다. 하지만 학년이 올라가면서 '정시러'의 꿈이 실제 수능 점수로 나와야 하는데, 실력을 발휘하지 못하면 재수학원으로 가게 됩니다.

대한민국의 '할 수 있다' 신드롬과 소비심리 자극이 재수를 부추기기도 합니다. 재수를 파는 사교육 입장에서는 "마음먹기에 달렸다"라며 가능성과 희망을 미끼로 마케팅을 펼칩니다. 물론 사교육에서 재수생을 돕고 비용을 받는 것은 당연합니다. 그러나 대학이라는 '성공의 관문'을 위해 희망 고문과 같은 고통을 감수해야 하는가에 대한 의문은 남습니다.

긍정심리학의 창시자인 셀리그만조차도 지나친 낙관주의가 "학습된 무력감"으로 이어진다 했고, 서구 심리학계는 "무조건적 긍정주의"를 폐기한 지 오래입니다. 그런데도 우리나라는 여전히 긍정주의에 빠져, 열정과 의지만 있으면 못할 게 없다 가르칩니다. 사회와 가정 분위기가 긍정을 강요하니 반발할 수도 없습니다. 긍정이 필요하지만 너무 심하면 '자기객관화'가 안 된다는 게 문제입니다.

재수생의 성공 가능성은?

그렇다면 실제 재수생들의 성공 가능성은 어떨까요? 2024년 〈대학저널〉에 따르면 10명 중 5명만 성적이 올랐습니다. 진학사에 2023, 2024학년도 수능 성적을 모두 입력한 N수생 중 국어, 수학, 탐구 2과목 평균 성적대는 2~4등급대였고, 이들 중 2023학년도 대비 성적이 오른 학생은 49.1%로 절반이 안 됐습니다.

기존 1등급 학생들의 80%는 재도전에서도 1등급을 유지했지만, 2~3등급대의 성적 상승은 쉽지 않은 게 현실입니다. 2023학년도 2등급대 수험생 중 49.1%는 2024학년도에서도 2등급대를 유지했고, 3등급대에서도 2년 연속 동일 등급대인 수험생 비율이 49.1%로 가장 높았죠.

성적 향상이 가장 두드러진 영역은 '탐구'였는데요, 2023학년도 탐구 2등급대 학생 중 40.1%가 재도전 결과 1등급대로 올랐고, 3등급대는 58.4%, 4등급대는 64.7%가 등급 상승을 경험했습니다.

성적 향상자가 많았던 과목은 등급별로 달랐는데요. 2~3등급대에서는 탐구 〉 수학 〉 국어 〉 영어 순, 4등급대는 탐구 〉 국어 〉 영어 〉 수학 순, 5~6등급대는 탐구 〉 영어 〉 국어 〉 수학 순으로 등급 상승 비율이 높았습니다. 이는 재수 시 성적대별 주력 과목이 다를 수 있음을 의미하며, 상위권은 수학, 하위권은 국어나 영어 성적을 올리는 게 수월함을 보여줍니다.

재수를 시작할 땐 누구나 긍정적으로 도전하지만, 이런 통계를 무시해선 안 됩니다. 재도전은 자유지만 낙관성을 무기로 소비를 부추기는 사회에서 재종반(재수종합반)을 찾기 전에 무엇보다 자신에 대한 냉철한 분석이 선행되어야 합니다. 현재 학업 수준, 학습 스타일, 성실성, 이 3가지는 꼭 체크해보세요.

재수는 꽃길이 아니다

극적인 성적 향상을 이룬 재수생들의 공통점이 있습니다. 그들은 대부분 스톱워치로 공부 시간을 철저히 관리합니다. 화장실에 가거나 다른 생각을 할 때는 스톱워치를 멈추고, 혼자 공부할 시간이 시작되면 다시 켭니다. 원하는 결과를 얻으려면 최소 9~10시간을 오로지 공부하는 데 투자해야 합니다. 고등학교 때 공부를 해본 적이 없는 학생들은 하루 4시간 혼자 공부하는 것도 쉽지 않습니다.

사실 재수의 현실적인 구조를 들여다보면, 이는 공부를 못하던 학생을 갑자기 우수한 학생으로 바꾸는 마법 같은 과정이 아닙니다. 주로 성실하고 기본기가 탄탄했던 학생, 수능에서 아쉽게 실수한 학생, 또는 컨디션 난조로 평소 실력 발휘를 못한 학생들이 대상입니다. 이렇게 원래 잘했거나 흔히 말한 "공부에 독이 오른" 사람들을 위한 복습 훈련과 마인드 관리를 해주는 과정이라는 겁니다.

재수를 결심하기 전에 다음의 사항에 해당한다면 재수를 해도 됩니다. 한번 체크해 보세요.

- 유튜브나 SNS는 하루 30분 미만으로 한다.
- 고3 시절 5일 연속 5시간 이상 공부한 경험이 있다.
- 이성 친구나 동성 친구를 한 달에 3번 이상 만나지 않는다.
- 흡연, 음주를 하지 않는다.
- 가족 여행이나 친구들과의 여행은 절대 가지 않는다.
- 고3 시절 치른 6월, 9월 모평과 실제 수능에서 컨디션 난조로 실수했다.

재수는 결코 꽃길이 아닙니다. 친구, 핸드폰, 게임, 이성친구, 여행 등 포기할 게 많습니다. 재수한다고 현역 때보다 좋은 대학을 간다는 보장이 없습니다. 고3 때보다 최소 3배 이상의 혼공 시간이 필요합니다. 스스로 컨트롤할 수 없는 사람은 독학으로 재수를 해서는 안 됩니다.

무엇보다 현역 때의 공부 방식을 고집하지 말아야 합니다. 실패의 원인을 정확히 파악하고 새로운 학습 전략을 세워야 합니다. 재수 생활은 고독과의 싸움입니다. 가장 중요한 것! 성공적인 재수 결과를 얻으려면 새로 태어난 마음으로 해야 합니다. 아주 지독하고 독하게요!

진정한 재도전의 조건

사람들은 대부분 실패하지 않기 위해 성공해야 한다고 믿습니다. 하지만 진실은 정반대입니다. 오히려 성공하는 사람이야말로 반드시 실패합니다. 진정한 성공은 그 실패에 어떻게 반응하고 대책을 세우느냐가 중요합니다.

우리가 흔히 말하는 '운'은 실제로 우리가 자신과 세상에 대해 믿는 신념인데요, 그렇기 때문에 자신과 세상에 대해 낙관적으로 바라보는 사람들에게 행운이 찾아오는 것도 맞습니다. 하지만 행동 없는 막연한 낙관주의는 "노력은 안 하면서 대학은 가고 싶고", "과정이 두려워서 회피하고 싶은데 결과는 해피엔딩"을 바라는 것과 같다는 겁니다. 세상은 그렇게 만만하지 않습니다.

재수는 쉽지 않은 도전입니다. 하지만 그 도전을 통해 성장할 수 있다는 것, 그것이 재수의 진정한 의미가 아닐까요? 부모와 자녀 모두 현실을 직시하고, 철저한 준비와 노력으로 원하는 목표에 다가갈 수 있기를 응원합니다.

0교시 골든타임

쓰러지고 상처받더라도, 자신의 길을 가며 겪는 실패는 값진 경험입니다. 하지만 실패를 피하기 위한 성공을 진정한 성공이라 할 수 있을까요? 그것은 가짜 성공에 불과합니다.

대학 진학을 목표로 한 학생이라면, 책임감을 갖고 도전해야 합니다. "대학이 인생의 전부는 아니야"라는 말로 실패에 대한 두려움을 감추는 것은 오히려 자신을 더 작아 보이게 만들 뿐입니다.

진정한 성공은 목표를 향해 나아가는 과정에서 얻는 성장과 경험에 있습니다. 실패를 두려워하지 말고, 그 과정에서 배우고 성장하는 자세가 중요합니다. 이러한 태도야말로 우리를 진정한 성공으로 이끄는 길이 됩니다.

10. 자퇴를 고민하는 자녀가 있다면

저출산으로 학령인구는 매년 줄고 있지만, 계속해서 늘어나는 것이 있습니다. 수능 응시자 중 졸업생 비율입니다. 2024 수능 응시자 50만 4,588명 중 무려 31.7%인 15만 9,742명이 졸업생이었습니다. 이는 2023학년도의 27.5%에서 1만 7,439명이 증가한 수치이며, 1997년 수능 당시 재수생 비율 32.5% 이후 28년 만에 최고치입니다.

또한, 눈여겨봐야 할 대상이 있습니다. 2024 수능응시자 중 검정고시 합격자 등 기타 지원자가 3.6%인 1만 8,200명이었는데, 이는 2023 수능의 기타 지원자 1만 5,488명보다 2,712명 증가한 수치입니다.

늘어나는 자퇴생, 검정고시의 현실

여기서 검정고시 합격자와 기타 학력 인정자란 누구를 말하는 걸까요? 검정고시 합격자는 고등학교 졸업학력 검정고시에 응시하여 합격한 사람이고, 기타 학력 인정자는 교육부가 정한 기준에 따라 고등학교 졸업 이상의 학력을 인정받은 사람을 의미합니다. 예를 들면, 국외 고등학교 졸업자, 국제학교 졸업자, 국제중등교육인증서 취득자 등이 여기에 해당합니다.

주목할 점은 검정고시를 통해 대입을 치르는 학생 수가 매년 늘고 있다는 사실입니다. 다시 말해, 정규 고등학교를 중도에 그만두는 '자퇴' 학생이 계속 증가한다는 뜻이죠. 이렇게 정규 학업을 중단하는 학생은 2020년 3만 2,027명에서 2022년에는 5만 2,981명으로 크게 늘었습니다. 1년에 5만 3,000명이 넘는 아이들이 학교를 떠나고 있는 셈입니다.

그렇다면 왜 아이들은 학교를 떠나 자퇴를 선택하는 걸까요? 자퇴를 원한다고 해서 모두 허락해야 할까요? 자퇴하는 이유는 무엇이며, 만약 내 자녀가 원한다면 부모는 어떻게 대처해야 할까요?

개인의 자유가 존중되는 대한민국에서 학교를 다니든 자퇴를 하든 그것은 개인의 선택입니다. 하지만 그 이유가 교육제도 문제라든가, 청소년기에 감당하기 어려운 외부 환경 때문이라면 얘기가 달라집니다.

학교 밖으로 내몰린 아이들

보통 정규 학교를 다니지 않고 자퇴하는 아이들을 '학교 밖 청소년'이라고 부릅니다. 사회적 보호를 받아야 할 시기인데도 학교라는 울타리 밖에 있는 아이들인 셈이죠.

아이들이 학교를 그만두는 이유는 다양하지만, 대부분 학교생활에 어려움을 겪은 경우가 많습니다. 입시일 수도 있고, 또래 관계의 문제일 수도 있으며, 가정환경 등 이유는 다양합니다.

최근 기사를 보면 대학에서는 '반수' 열풍이, 고등학교에서는 자퇴 행렬이 이어지고 있습니다. 서울대 이공계열은 이미 '의치대 사관학교'가 된 지 오래고, 자사고, 국제고 등 특목고는 물론 일반고에서도 의치대와 명문대 입학을 향한 결의는 최고조에 달했습니다.

보통 1학기 기말고사를 전후로 자퇴를 하는데, 이는 학교생활 부적응이나 건강상 이유가 아니라 '전략적'인 선택인 경우가 많습니다. 이들에게 학교에서 보내는 시간은 아무런 의미가 없습니다.

이렇게 자퇴하는 학생들의 선택지는 크게 세 가지입니다. 첫째는 독학 재수를 위해 독서실에서 공부하거나, 둘째는 재수종합반 학원에 등록하기, 셋째는 수도권 등지의 기숙학원에 들어가는 것입니다. 하지만 이마저도 부모의 경제적 여건에 따라 엄연한 서열이 존재합니다. 형편이 어려운 아이들은 기숙사나 재수 종합학원에 등록하기 쉽지 않습니다.

대한민국의 교육격차는 생각 이상으로 큽니다. 수도권이든 지방이든 중요한 건 부모의 경제력입니다. 이로 인해 기숙학원이나 재수종합반은 꿈도 꾸지 못하는 학생들이 더 많습니다.

제가 상담한 대부분의 자퇴 학생들은 가정 형편이 넉넉한 편이었습니다. 자퇴가 대입을 위한 하나의 수단이라면, 그들이 가진 선택지는 여느 아이들보다 많았죠. 부모는 아이가 원한다면, 또는 부모 입장이 분명하다면 합격할 때까지 경제적 뒷받침을 아끼지 않습니다.

수능은 고3 때 승부를 보지만, 수시 학생부종합전형이나 교과전형 비중이 높아 고1부터 최상위권 아이들은 "학교에 남을 것인가, 떠날 것인가"를 두고 치열한 내신 경쟁을 벌입니다. 이쯤 되면 선생님들도 무척 괴롭습니다. 시험문제에 오류가 있어서는 안 되고, 동점자가 많아져 등급 변별이 어려워지니 온갖 지엽적인 문항을 출제해야 하죠. 공교육 선생님들에게도 큰 부담일 수밖에 없습니다.

학교 부적응으로 인한 자퇴, 더 큰 문제

또 다른 자퇴 이유는 학업이 아닌 학교 부적응인데, 더욱 주목해야 할 문제입니다. 자퇴의 목적이 대입이든 학교 부적응이든, 청소년이 정상적인 학교생활을 하지 못한다는 것 자체가 추후에 사회적, 심리적 불안 요소가 될 수 있습니다. 의대를 가기 위해 자퇴한 아이는 그나마 목적이 있지만, 어쩔 수 없이 학교를 떠나는 경우는 심각성이 더 크다고 할 수 있습니다.

그렇다고 학교 부적응 학생들의 지능이 낮거나 비정상적이라고 생각해서는 안 됩니다. 부적응으로 자퇴한 학생들 대부분이 밝고 건강한 아이들이었습니다. 다만 사춘기 방황을 계속 이어가는, 안타까운 상황이 많았습니다. 자퇴의 첫 번째 이유가 학업 스트레스라면, 두 번째는 아이의 심리적·정신적 요인이라 할 수 있습니다.

특히 코로나 시대를 겪은 요즘 아이들은 학교에서 친구를 사귀는 방법도, 또래와 어떻게 관계를 만들어가야 하는지도 잘 모릅니다. 그걸 알려줄 어른이 없습니다. 무작정 공부, 대학만 강조하는 분위기니까요. 사실 요즘 아이들은 오프라인 친구가 없어도 각종 SNS에서 관계 형성이 가능하기에, 예전처럼 학교 공동체가 주는 의미는 점점 희미해지고 있습니다.

자퇴를 이야기하는 자녀,
부모는 어떻게 대처해야 할까

그렇다면 만약 우리 아이가 자퇴를 이야기한다면 부모는 어떻게 대처해야 할까요? 어른들도 스트레스를 받으면 회사 가기 싫고 운동하기 싫듯이, 아이들도 우발적으로 그런 생각을 하는 경우가 많습니다. 그러니 왜 학교를 그만두려 하는지, 그 원인을 파악하는 게 중요합니다.

교육심리학적으로 볼 때 자퇴, 즉 학업 중단에는 여러 요인이 있습니다. 개인적으로는 불안, 우울, 자아 통제와 자기조절 기능 부족, 비행 경험 등이 있고, 가정적으로는 부모의 폭력과 학대, 가정 결손, 자녀에 대한 낮은 기대감, 지나친 방임과 허용적 양육 태도 등이 있습니다. 또래 요인으로는 친한 친구 부재, 또래 관계 맺기의 미숙, 괴롭힘 등의 갈등이 있으며, 학교 요인으로는 학업 흥미 부족, 낮은 학업 성적, 교사와의 갈등 등으로 인한 잦은 결석과 지각 등의 수업 결손이 있습니다.

이렇게 다양한 개별 요인이 있기에, 자녀가 자퇴를 이야기한다면 반드시 충분한 대화를 통해 자녀의 고민을 듣고 해결 방안을 찾아야 합니다. 부모들은 세 가지를 기억하기 바랍니다.

첫째, 학업 중단 사유가 명확하고 뚜렷한 목적의식이 있다면 그 의사를 존중하고 지지해주세요. 처음에는 당황스럽겠지만, 현실 가능성 높은 로드맵이라면 부모의 지지가 필요합니다. 학교라는 울타리를 벗어나면 아이가 맞닥뜨릴 장벽이 적지 않을 텐데, 이때 부모의 격려와 지지는 아이에게 큰 힘이 됩니다.

둘째, 그냥 학교 가기 싫고 공부가 싫다는 이유로 자퇴를 말한다면 신중하도록 합니다. 이런 경우는 자퇴 이유가 뚜렷하지 않은 경우가 많죠. 아이와 충분히 대화를 나누고, 교육청에서 운영하는 '학업중단 숙려제'를 이용하는 것이 좋습니다. 이는 학업 중단 위기 학생에게 숙려 기회를 주고 상담과 맞춤형 프로그램을 제공하여 학업 중단을 예방하는 제도입니다. 즉흥적인 자퇴 결정은 아이의 미래에 큰 문제가 될 수 있으므로, 숙려제를 통해 충분한 시간을 갖는 것이 바람직합니다.

셋째, 그럼에도 아이가 학업 중단 후 구체적 계획이 없고 계획 수립에 어려움을 겪는다면, 전문가의 도움을 받는 것이 좋습니다. 여성가족부에서 지원하는 학교 밖 청소년지원센터가 전국 시군구에 있으며, 이곳에서 학업 복귀와 사회 진입을 도와주고 있습니다.

학교의 의미를 되새기며

현재 아이들에게 학교란 어떤 의미일까요? 그리고 부모님의 중학교, 고등학교 시절의 기억은 어떠신가요? 청소년기에 학교라는 공간에서 친구를 만나 어울리고, 함께 성장하는 과정이 얼마나 소중했는지요. 속상하고 힘들 때 나를 이해해주고 위로해주는 누군가가 있다는 건, 그 무엇과도 바꿀 수 없는 값진 경험이 아닐까요? 학교는 바로 그런 곳이 되어야 합니다.

0교시 골든타임

"자퇴를 고민하는 자녀에게 부모는 든든한 조력자가 되어주세요."
누군가에겐 학교가 좋은 추억의 공간이지만, 또 누군가에겐 숨 막히는 곳일 수 있습니다. 중요한 건 아이의 선택을 존중하는 것입니다. 학교를 그만두겠다는 아이에게 섣불리 "문제아"라고 낙인 찍지 마세요. 부모에 대한 믿음이 무너지는 순간, 아이는 깊은 상처를 받게 됩니다. 아이가 속 시원히 마음을 털어놓을 수 있는 든든한 버팀목이 되어주세요. 그것이 아이를 지키는 가장 좋은 방법입니다.

4부

나의 양육 방식,
축복일까 저주일까?

1. 부모라면 놓치기 아까운 쇼펜하우어의 인생 수업

"사는 게 원래 이렇게 힘든 겁니까?"
21세기를 살아가는 우리가 19세기를 살았던 철학자에게 묻습니다. 쇼펜하우어는 담담히 말하죠. "응, 인생은 원래 힘들어." 뻔한 위로 대신 솔직한 공감으로 우리 마음에 다가오는 철학자입니다. 어쩌면 아이들도 마찬가지 아닐까요? 세상의 부조리함과 외로움에 지칠 때, 가식 없는 어른의 말 한마디가 오히려 위안이 될 수 있습니다.

2023년부터 지금까지 서점가를 뜨겁게 달군 책이 있습니다. 바로 19세기 독일 철학자 쇼펜하우어의 저서들인데요. 특히 《마흔에 읽는 쇼펜하우어》는 20만 부 이상 팔리며 베스트셀러 자리를 꿰찼습니다. 쇼펜하우어하면 떠오르는 키워드가 있지요. '염세주의', '비관주의', '페시미즘' 등입니다. 우리가 사는 세상은 원래 불합리하고 비극적이며, 행복이나 기쁨은 덧없는 순간의 현상일 뿐이라는 것이 그의 핵심 사상입니다. 이런 태도를 '허무주의'라 통칭하며 다소 부정적으로 바라보는 시선도 있지만, 한편으로는 삶과 세계의 본질에 대한 통찰을 제공한다는 평가도 받고 있는데요. 이번 글에서는 그의 철학이 우리 자녀 교육에 어떤 의미를 지니는지 함께 생각해보고자 합니다. 자녀 교육 관련 책에서 쇼펜하우어 철학을 다루는 건 아마 처음일 텐데요. 교육열, 사회적 성공, 출세 지상주의에 사로잡힌 우리 자신의 모습을 되돌아볼 수 있는 기회가 되길 바랍니다.

쇼펜하우어가 들려주는 5가지 인생 레슨

쇼펜하우어는 17세 때 아버지를 잃고, 어머니마저 사교계로 나가버리는 불행한 어린 시절을 보냈습니다. 아마 그때부터 삶의 허무함과 슬픔을 느끼기 시작했는지도 모르겠습니다. 이런 경험으로 염세적 인간관에 일찍 눈을 떴으리라 짐작할 수 있습니다.

그는 다른 사람에게서 행복을 찾으려 하기보다 내면의 자아를 발견하고 이를 따라 살아가라고 말합니다. 흥미로운 점은, 쇼펜하우어의 저서들이 처음에는 별다른 주목을 받지 못하다가 40대 중반에 쓴 《소품과 부록》이 대중의 사랑을 받으며 유명해졌다는 사실입니다.

쇼펜하우어의 책을 읽고 깨달은 바를 우리 아이들에게 꼭 전해주고 싶은 마음에 다섯 가지로 정리해 보았습니다.

첫째, 밝은 마음으로 살되 건강 관리를 게을리 말라. 쇼펜하우어의 염세주의와는 다소 모순되어 보이는 조언이죠? 하지만 그는 우리 마음에 밝은 기운이 스며들 때 그 빛을 온전히 받아들여야 한다고 말합니다. 그리고 그 빛을 품는 힘의 원천이 바로 건강이라는 거예요.

입시에 지친 아이도, 일에 파묻힌 부모도 잠시 멈추어 건강을 챙기세요. 아이의 밝은 웃음을 오래오래 지켜보고 싶다면, 무엇보다 우리 자신이 건강해야 합니다.

둘째, 지금 가진 것에 감사하라. 우리는 항상 없는 것을 갈망합니다. "저것만 있다면 얼마나 좋을까?"라는 상상에 사로잡히죠. 하지만 그럴수록 우리는 불행해집니다.

쇼펜하우어는 반대로 생각하라고 조언합니다. 지금 내 곁에 있는 가족, 친구, 소유물이 사라진다면 어떨지를 떠올려보라고 합니다. 평소 잘 느끼지 못했던 소중함이 마음에 밀려옵니다. 우리는 늘 당연하다 여기지만, 사실 우리에겐 감사할 일이 너무나 많습니다.

셋째, 남에게서 위안을 찾지 말고 내면의 힘을 키워라. 우리는 타인과의 교류를 통해 외로움을 달래려 합니다. SNS에 매달리고, 친구를 많이 사귀려 애쓰죠. 하지만 쇼펜하우어에 의하면, 이런 행동은 결국 내면의 공허함을 드러내는 일입니다.

자기 내면이 충만한 사람, 스스로의 가치를 아는 이는 굳이 무리한 사교에 매달리지 않습니다. "낯선 곳으로의 여행이나 자극을 갈구하는 건, 결국 마음의 무료함을 반증할 뿐"이라고 그는 말했습니다. 우리 아이에게 필요한 건 사색하는 시간입니다. 많은 책을 읽기보다, 한 권의 책에서 깨달음을 얻고 통찰을 기르는 연습이 중요합니다. 홀로 있음을 두려워 말고 그 고요 속에서 내면의 목소리에 귀 기울이도록 도와주세요.

넷째, 인간관계에 너무 연연하지 마라. 누군가 나에게 상처를 줬다면, 용서는 하되 잊진 말라고 합니다. 나아가 잘못을 저지른 친구라면 관계를 단절하고, 하인이라면 내치라고까지 주장합니다. 같은 상황이 닥치면 그들은 또다시 배신할 테니까요.

물론 지나친 표현일 순 있습니다. 하지만 상대방을 설득하려 애쓰기보다 때론 선을 그을 줄 아는 지혜도 필요합니다. 사람 때문에 너무 상처받고 힘들어하진 말라는 뜻이겠죠.

다섯째, 고난 없는 순간이 가장 큰 고난이다. 우리는 실패가 두렵고 남보다 뒤처질세라 불안에 떱니다. 하지만 무언가를 얻기 위한 고난은 인생의 필수조건입니다. 지금의 역경도 영원할 순 없습니다.

우리는 막연한 미래의 걱정에 사로잡혀 현재를 놓치곤 합니다. 우리 아이에게 정말 필요한 건 바로 지금, 이 순간에 집중하는 법입니다.

승자라고 해서 다 행복할까?

출세와 성공이 최고의 가치인 사회에서 승자와 패자가 명확히 구분되는 것은 어쩌면 당연하게 보입니다. 그런데 정작 승자들은 행복할까요? 더 많은 것을 쫓느라 오히려 숨 가쁘기만 합니다. 스스로 패자로 규정한 아이들은 'N포 세대', '헬조선'에 익숙합니다. 유달리 교육열이 높은 대한민국. 하지만 초중고 내내 치열한 경쟁 속에서 편협한 사고방식만 키우고 있는 것은 아닐까요? 그저 내 자식이 잘되면 장땡이라는 이기심이 자리 잡고 있진 않나요?

자녀가 진정 행복해지길 바란다면, 쇼펜하우어의 가르침에 귀 기울여 볼 만합니다. 좋은 사람을 만나는 법, 인간관계의 태도, 진정한 행복의 의미를 배우는 것이죠. 성공과 출세에 목매지 말고, 삶의 고난을 긍정하는 자세를 갖는 것이 중요합니다.

부모로서, 또 한 명의 인간으로서 우리도 하고 싶고, 할 수 있는 일에 전념할 자격이 있습니다. 인생은 생각보다 길지 않으니까요. 지금 이 순간, 아이와 함께 삶의 희로애락을 온전히 느껴 보는 건 어떨까요?

0교시 골든타임

쇼펜하우어는 고통을 줄이는 것이 행복에 이르는 길이라고 했습니다. 하지만 우리 인생에는 피할 수 없는 고통이 존재합니다. 특히 가족으로부터 오는 고통이 그렇습니다. 타인에게서 받는 상처는 고독이라는 방패로 막을 수 있지만, 가족이 주는 아픔은 피할 수 없는 것이죠.

쇼펜하우어가 가족과 거리를 두었던 이유는 아마도 가족에게서 받지 못한 사랑의 깊은 상처 때문일지도 모릅니다. 우리에게 가족은 때로 고통의 원천이 되지만, 동시에 우리가 간절히 바라는 사랑의 근원이기도 합니다. 비록 불완전하더라도, 우리는 그들을 통해 사랑을 배우고 성장합니다. 그 과정이 고통스럽더라도 절대 포기하지 마세요. 가족이란 이름의 사랑을 믿으세요.

어쩌면 쇼펜하우어에게 충족되지 않았던 욕망은 바로 가족으로부터 받아야 할 '사랑'이 아니었을까요?

2. 마시멜로 실험의 진실

'마시멜로 실험'에 대해 들어보신 적 있으신가요? 1972년 스탠포드 대학 심리학 교수인 월터 미셸은 '만족스러운 지연'을 연구하기 위해 이른바 '마시멜로 실험'을 진행했습니다. 이 실험은 600명의 3~5세 아이들을 대상으로 진행되었는데, 아이들에게 마시멜로 하나를 주고 15분 동안 먹지 않으면 하나를 더 주겠다고 약속한 뒤, 아이가 기다리지 못하고 먹는지 아니면 끝까지 참아내는지를 관찰하는 것이었습니다.

실험은 이렇게 진행되었습니다. 아이들에게 마시멜로가 한 개 담긴 접시와 두 개 담긴 접시를 보여준 뒤, 한 개는 지금 바로 먹어도 되지만 연구자가 돌아올 때까지 기다리면 두 개를 먹을 수 있다고 설명했습니다. 그리고 한 개의 마시멜로가 담긴 접시를 두고 15분간 자리를 비웠죠. 결과는 실험자가 나가자마자 먹어버린 아이들과, 끝까지 참고 기다린 아이들, 이렇게 두 부류로 나뉘었습니다.

이 실험을 주관한 월터 미셸과 연구진은 실험 참여 아동들을 30년 동안 추적 조사했습니다. 그 결과, 마시멜로를 먹지 않고 끝까지 참았던 아이들은 성장 과정이 우수했고 대인관계와 학업 성적도 좋았다고 발표했습니다. 반대로 실험자가 나가자마자 마시멜로를 먹어버린 아이들은 약물 중독 및 사회 부적응 등의 문제를 보였다고 합니다.

이 실험 결과는 교육심리학자들 사이에서 많은 토론을 불러일으켰지만, 당시에는 센세이션한 실험이었고, 관련 서적이 불티나게 팔리기도 했습니다. 어린 아동이 '먹는 걸 참는 것'만으로 인생이 이렇게 달라진다는 게 너무 무서운 이야기 아닌가요?

새로운 연구 결과의 등장

그런데 이 실험을 뒤집는 또 다른 실험이 나왔습니다. 2018년 미국 뉴욕대와 UC 어바인 공동연구진이 918명의 어린이를 대상으로 실험한 결과, 마시멜로를 먹지 않고 참은 아이와 10~20년 뒤 성공과의 상관관계는 전혀 나타나지 않았다고 발표하며 이전의 결과를 완전히 뒤집었습니다.

이 연구 결과는 국제학술지 〈심리과학〉 최신호에 게재되었는데요, 연구진은 인종, 가정환경 등 요건을 다양하게 반영해 아이들을 선발했고, 특히 552명은 엄마가 대학 교육을 받지 않은 아이였습니다.

과거의 마시멜로 실험은 스탠퍼드대 교직원 자녀들만을 대상으로 했기에 표본의 다양성이 부족하여 신뢰도와 타당성에 의문이 제기되었습니다. 새로운 실험은 과거 실험과 비교했을 때 10배 이상의 큰 규모로 진행되었고, 엄마의 학력을 비롯한 가정 경제력 등 다양한 고려 요인을 포함했습니다.

실험의 결과는 흥미롭습니다. 4~5세 아이가 마시멜로를 바로 먹었는지, 아니면 끝까지 기다려 두 개를 받았는지는 이후의 학업 성적이나 대인관계와 아무런 상관관계가 없었던 것입니다. 이 연구를 이끈 타일러 와츠 뉴욕대 교수는 "마시멜로 실험은 청소년기 학교생활, 학업성적과는 상관관계가 없다"라고 결론을 내렸습니다.

또한, 마시멜로 유혹에 넘어가는 아이들의 경우 참을성, 인내심 부족이라기보다는 사회경제적, 가정환경 등이 영향을 미치는 것으로 보인다고 밝혔습니다. 엄마가 대학을 졸업한 아이들의 경우 마시멜로 유혹을 이겨낸 아이와 그렇지 못한 아이 간에 학교 성적과 대인관계 등에 큰 차이가 없었습니다. 엄마가 대학을 졸업하지 않은 경우도 마찬가지로, 마시멜로를 먹는 시점으로는 아이의 미래 성공을 예측할 수 없었습니다.

특히 저소득층 가정의 아이들이 마시멜로를 더 빨리 먹는 경향을 보였는데, 이는 불확실한 미래의 보상보다 눈앞의 확실한 것을 선택하는 현실적 판단이었을 수 있습니다.

결국 우리가 알고 있던 마시멜로 실험의 진정한 교훈은, 어린 아이들을 대상으로 이런 실험을 해서는 안 된다는 것이며, 순간의 인내심이 미래의 성공을 보장한다는 통념이 잘못되었다는 사실입니다.

마시멜로 실험대로라면 미래의 성공과 실패는 아이의 인내심 그리고 아이의 타고난 자질에 달려 있다는 거잖아요? 이는 마시멜로를 먹을 수밖에 없는 아이들에게 "너는 인내심이 부족한 아이"라는 낙인을 찍어버리는 아주 무서운 실험이었던 셈입니다. 안타까운 점은 아직도 많은 부모들이 마시멜로 실험의 오류를 인지하지 못한 채, 아이가 조금만 실수해도 "넌 뭘 해도 안 되는 아이"라는 그릇된 무의식을 아이에게 투영하고 있다는 현실입니다.

실험 결과에 대한 다른 해석

마시멜로 실험 결과를 다른 관점에서 살펴보면, 마시멜로를 바로 먹은 아이들과 참고 기다리는 아이들의 차이는 뇌의 구조에 있다고 할 수 있습니다. 유혹에 약한 아이나 어른들은 충동 조절과 이성적인 의사결정을 담당하는 전전두엽의 활동이 둔하고, 충동적인 행동과 관련된 복측선조체ventral striatum가 더 활발하게 작용하기 때문입니다. 복측선조체는 마치 뇌의 '쾌락 중심지'와 같은 곳으로, 즉각적인 보상을 추구하는 경향이 있습니다. 마치 배고픈 사람 앞에 맛있는 음식을 두면 참기 어려운 것과 같은 이치입니다.

최근 연구에 따르면, 전전두엽의 활성화 정도는 유전적 요인과 환경적 요인의 영향을 받는다고 합니다. 특히 어린 시절의 스트레스나 트라우마 경험이 전전두엽의 발달을 저해할 수 있다는 점은 주목할 만합니다. 이는 아이들의 자기조절능력이 단순히 개인의 의지나 성격적 특성의 문제가 아니라, 복잡다단한 생물학적, 심리사회적 요인들이 상호작용하며 형성된다는 사실을 말해줍니다.

나아가 마시멜로 실험은 아이들의 자기조절능력을 측정할 뿐만 아니라, 아이들이 자기 앞에 놓인 환경과 대인관계에 대해 느끼는 신뢰의 정도를 드러낸다고 볼 수 있습니다. 일정 시간 동안 기다리면 마시멜로를 하나 더 준다는 약속을 아이들이 과연 믿을 수 있을지는 아이들이 형성한 세상에 대한 믿음, 특히 권위자(부모, 교사 등)에 대한 신뢰에 달려 있습니다. 따라서 마시멜로 실험 결과는 아이들의 성격적 특성만이 아니라, 아이들이 성장하는 환경의 질과 건강성을 가늠하는 하나의 지표가 될 수 있습니다.

마지막으로, 마시멜로를 바로 먹은 아이들의 행동을 단순히 충동적이고 자제력이 부족한 것으로 해석하기보다는, 상황 판단에 따른 합리적 선택의 결과로 볼 수도 있습니다. 자원이 부족하고 미래가 불확실한 환경에서 자라는 아이들에게는 눈앞의 보상을 즉시 취하는 것이 오히려 적응적인 전략일 수 있기 때문입니다. 이런 관점에서 보면, 마시멜로 실험은 아이들의 개인적 자질보다는 사회경제적 맥락의 중요성을 일깨워주는 사례라고 할 수 있겠습니다.

저는 이 실험이 주는 시사점을 봐야 한다고 생각합니다. 10대 청소년기의 뇌는 충동을 제어하는 데 어려움을 겪고 감각적인 자극에 쉽게 빠져드는 경향이 강합니다. 특히 10대 청소년기는 자아정체성을 형성하고 자율성을 획득해 나가는 중요한 시기인 만큼, 이 시기의 아이들에게 자기조절능력은 매우 핵심적인 발달 과업이라고 할 수 있습니다. 뇌 발달 측면에서도 10대는 전전두엽의 성숙이 한창 진행되는 시기이므로, 충동적이고 감각적인 자극에 쉽게 현혹되는 경향이 있습니다. 핸드폰, 게임, 각종 미디어의 유혹이 너무나 많은 것도 사실입니다. 부모와 자녀 간의 진솔하고 깊이 있는 대화는 아이들에게 정서적 안정감을 제공할 뿐만 아니라, 건강한 가치관과 세계관을 형성하는 데 결정적인 역할을 합니다. 결국 마시멜로 실험이 우리에게 던지는 메시지는, 아이들의 건강한 성장과 발달을 위해서는 개인의 노력도 중요하지만 그에 못지않게 가정과 사회의 역할이 중요하다는 것입니다.

그렇습니다. 마시멜로 실험은 그 근거가 빈약할뿐더러, 이를 토대로 미래를 점치는 것은 터무니없는 일입니다. 그리고 먹는 것으로 아이들을 괴롭히면 안 됩니다. 오늘날 아이들은 집, 학교, 학원 등 여러 곳에서 '마시멜로 실험'을 당하고 있습니다.

재미있는 사실 하나 알려드릴게요. 집에서 가끔 마시멜로 같은 실험을 재미삼아 하시는 부모님들도 계신데요, 사실 어떤 환경에 있는 아이든지 마시멜로를 기다릴 수 있는 방법이 있습니다. 그냥 마시멜로 통에 있는 "뚜껑만 닫아줘도" 아이들은 기다린다는 것입니다. 먹을 걸 보여주고 기다리라는 건 어른들도 잘 못합니다. 배고프면 먹는 게 당연한 거잖아요.

0교시 골든타임

마시멜로 실험은 아이의 의지력과 자기통제력이 미래 성취를 예측하는 중요한 요인이라는 사실을 보여줍니다. 하지만 이것이 모든 것을 결정한다고 생각해서는 안 됩니다. 의지력은 누구나 기를 수 있는 능력이지만 그것을 맹신하는 건 위험합니다.

부모의 역할은 아이의 의지력을 길러주되, 그것이 전부가 아님을 알려주는 것입니다. 때로는 의지와 상관없이 실패할 수도, 예상치 못한 변수가 생길 수도 있죠. 중요한 건 그럴 때마다 아이 스스로 돌아보고 앞으로 나아갈 힘을 북돋아주는 것입니다. 의지력은 키우되 그것에 연연하지 않는 지혜, 우리 아이에게 꼭 전해주고 싶은 메시지입니다.

3. 자녀교육에서 본 아버지의 역할

2019년 통계청이 발표한 자료에 따르면 가사노동의 경제적 가치가 무려 490조 9,000억 원으로, 국내총생산GDP의 25.5%에 달한다고 합니다. 엄청난 가치이지요. 그런데 이를 자세히 들여다보면 매우 흥미로운 사실이 있습니다. 여성의 가사노동 가치는 356조 원인 반면, 남성은 134조 9,000억 원으로 여성이 남성보다 무려 2.6배나 더 많은 것으로 나타났습니다. 이처럼 어머니들은 집에서 여전히 더 많은 경제적 가치를 창출하고 있음에도, 자녀교육의 책임이 아직까지도 주로 어머니에게 부과되고 있는 것이 현실입니다.

과거부터 여러 방송 프로그램을 통해 아버지의 자녀 양육 참여가 얼마나 중요한지 강조되어 왔습니다. 우리 사회는 그 중요성을 인식하고 있지만, 안타깝게도 2021년 통계청 자료에 따르면 아버지의 자녀 양육과 교육 참여율은 28.9%에 그치고 있습니다.

아이들과 더 많은 시간을 보내는 사람이 어머니이기에 당연한 것 아니냐고 생각할 수도 있지만 엄마들도 놀고 있는 것은 아니지요. 아버지가 경제적으로 가정을 부양하는 것 이상으로, 자녀교육에 있어 아버지의 역할은 매우 중요하다고 할 수 있습니다. 그 이유를 하나씩 짚어보도록 하겠습니다.

아이의 언어 발달을 촉진하는 아버지의 역할

먼저 아버지의 역할은 아동의 언어 발달 시기에 매우 중요합니다. 일반적으로 어머니가 아버지보다 아이와 더 많은 시간을 보내기 때문에, 아이는 주로 어머니에게서 들었던 익숙한 어휘를 사용하게 됩니다. 이는 아이들의 언어 활용 범위를 제한하는 요인이 될 수 있습니다.

반면에 아버지가 육아에 동참하게 되면, 아이는 어머니와는 또 다른 유형의 다양한 언어를 접하게 됩니다. 그 결과 새로운 단어와 개념을 습득합니다. 이 사실만으로도 아버지의 육아 참여가 얼마나 중요한지 알 수 있습니다.

구체적인 예를 살펴보겠습니다. 아버지들은 보통 주말이나 휴일에 육아에 참여합니다. 평일에는 퇴근 후 아이를 잠깐 안아주고 인사를 나누는 정도에 그치는 경우가 많은데, 회사 일로 피곤한 상황을 고려하면 어느 정도는 이해할 만합니다.

하지만 주말이나 휴일의 육아 참여는 전혀 다른 의미를 가집니다. 어머니가 잠들기 전에 책을 읽어주면 아이가 지루해하거나 딴생각을 하는 경우가 많지만, 아버지가 책을 읽어주면 아이가 더 집중해서 듣곤 합니다. 이를 통해 아이는 또 다른 방식의 언어, 즉 아버지만의 언어를 습득하게 되는 것입니다.

부모의 감수성, 아이에 대한 긍정적 관점, 부모가 제공하는 지적 자극은 아이가 성장하면서 인지 발달과 언어 발달에 매우 긍정적인 영향을 미칩니다. 실제로 아버지와 놀이를 하며 더 다양하고 종류가 다른 어휘를 사용하고 대화를 나누는 아이들이 그렇지 않은 아이들에 비해 높은 언어 능력을 보였다는 연구 결과도 있습니다.

유대인 아버지들이 아이들에게 책을 읽어주는 이유

미국 경제계를 이끄는 유대인 가정에서는 아버지가 책을 읽어주는 것이 지극히 자연스러운 일상입니다. 아버지는 자신만의 관점으로 책을 읽어주고 대화를 나누며, 아이의 성장 단계에 맞춰 사회, 경제, 문화에 관한 다양한 이야기를 들려줍니다. 이를 통해 아이가 글로벌 인재로 성장할 수 있는 토대를 만들어주는 것입니다.

호주 멜버른에 있는 〈머독 아동연구소〉의 발표에 따르면, 아버지가 자녀에게 책을 읽어줄 때 아이들의 언어 발달에 긍정적인 영향이 미친다고 합니다.

연구진은 호주 연구위원회의 〈렛츠 리드Let's Read〉 프로그램에 참여하고 있는 가정 405곳의 데이터를 분석했습니다. 그 결과, 2세 때 아버지가 책을 읽어준 아이들은 4세가 되었을 때 그렇지 않은 아이들보다 언어 능력이 뛰어난 것으로 나타났습니다. 아버지가 꾸준히 책을 읽어준 아이들은 성장하면서 언어 능력이 더욱 향상되었던 것이죠.

중요한 점은 이러한 결과가 부모의 소득 및 취업 상태, 교육 수준, 어머니의 책 읽어주기 등의 변수를 모두 고려한 후에도 달라지지 않았다는 사실입니다. 과거에는 아버지의 육아 참여를 주로 신체적 놀이 정도로 여겼습니다. 체력적으로 아버지가 유리하다고 인식했기 때문입니다. 반면 언어적 측면에서는 어머니가 더 유리할 것이라고 생각했습니다. 이번 연구 결과는 아버지가 책을 읽어주는 것이 아이의 언어 발달에 긍정적 영향을 미친다는 사실을 보여줍니다. 그러므로 아이가 책 읽어달라고 요청할 때 귀찮아하지 말고 기쁜 마음으로 응답하는 것이 중요합니다.

아버지 효과

아버지의 역할이 자녀 교육에 미치는 영향은 최근에야 연구 논문을 통해 조명되기 시작했습니다. 과거에는 모성 신화 앞에서 아버지의 역할이 상대적으로 간과되어 온 것이 사실입니다. 그러나 여러 문화권에 걸쳐 이루어진 연구들은 아버지의 역할, 특히 책 읽어주기, 대화하기 그리고 온정적인 돌봄이 아이의 장기적인 발달에 지극히 긍정적인 영향을 준다는 사실을 확인했습니다.

여기서 말하는 보살핌은 결코 특별한 것이 아닙니다. 아이를 안아주고, 칭찬해주고, 함께 놀아주며, "예쁘다", "잘했다", "사랑해"와 같은 간단한 말과 행동으로 표현하는 것이 전부입니다. 아버지가 이러한 행동을 많이 할수록 아이의 정서적, 사회적 발달이 촉진된다는 사실이 과학적으로 입증되었습니다. 이를 아버지 효과Father effects라고 합니다.

아버지 효과란 아버지의 삶에 대한 가치관, 태도, 습관 등이 아이에게 각인되어 아이의 삶과 미래에 큰 영향을 끼치는 효과를 의미합니다. 부모, 특히 아버지의 영향력은 우리가 일반적으로 아는 것보다 훨씬 더 큽니다. 나아가 아버지는 세상을 떠난 후에도 자녀에게 지속적으로 영향을 미치는 존재라 할 만큼 그 영향력이 크다고 볼 수 있습니다.

미국의 심리학자이자 대인관계 상담가인 스테판 폴더는 "모든 인간관계의 핵심에 아버지가 영향을 미치고 있다"라고 말하며 이를 '아버지 효과'라고 명명했습니다. 자녀가 사회생활을 하며 겪는 문제의 근원을 추적해보면 대부분은 아버지의 영향이라는 것이죠.

프로이트의 정신분석학에 따르면, 아이는 무의식중에 아버지를 이기려는 심리가 내재되어 있다고 합니다. 이를 '오이디푸스 콤플렉스'라고 하는데, 어릴 때는 아버지를 존경하지만 점차 아버지를 뛰어넘어야 할 존재로 여기게 된다는 것입니다. 이는 자연스러운 과정으로, 아버지와의 대립과 경쟁을 거치면서 아이는 어른의 세계로 발을 내딛는 법을 터득하게 됩니다.

아버지 효과의 특징 중 하나는 자녀가 아버지의 행동을 보고 자신도 모르게 닮아간다는 '동일시 현상'입니다. 예를 들어 폭력적인 아버지 밑에서 자란 아이들의 70% 이상이 성인이 되어서도 폭력적인 행동을 보이고, 알코올 중독 아버지를 둔 아이들은 일반 아이들에 비해 알코올 중독이 될 확률이 4배나 높습니다.

심리학자 브루노 베텔하임은 이를 '가해자와의 동일시 현상'이라고 표현했습니다. 자신에게 해를 가하는 사람을 미워하면서도 무의식중에 그 사람을 닮아간다는 것이죠. 한편으로 생각하면 무서운 이야기입니다. 세상의 아버지들이 바람직한 역할 모델이 되지 못한다면, 그것은 단순히 한 세대에 그치는 문제가 아니라 미래의 잘못된 아버지상을 대물림하는 결과를 초래할 수 있기 때문입니다.

대한민국의 아버지 여러분, 우리의 역할은 단순히 경제적 부양자에 그치지 않습니다. 아버지는 자녀의 인생에서 가장 중요한 스승이자 길잡이입니다. 아버지의 사랑과 관심 그리고 적극적인 교육 참여는 자녀의 언어 발달은 물론 정서적, 사회적 성장에 지대한 영향을 미칩니다. 책을 읽어주고 대화를 나누는 것, 그것은 아이에게 세상을 향한 눈을 열어주는 일입니다. 이 모든 것이 모여 아이는 건강한 사회인으로 성장합니다. 아버지의 적극적인 참여야말로 우리 사회의 미래를 변화시키는 원동력이 될 것입니다.

0교시 골든타임

"아이들은 부모가 자신을 사랑한 것보다 더 큰 사랑으로 부모를 사랑합니다. 대부분은 그렇죠."

아이 키우는 일이 힘들고 막막하게 느껴질 때가 있습니다. 하지만 우리는 그 과정에서 스스로의 가치를 깨닫게 됩니다. 부모가 된다는 건, 나 자신을 사랑하는 법을 배우는 일이기도 해요. 아이를 키우며 부모도 함께 성장합니다.

아이들은 우리가 주는 사랑보다 훨씬 더 큰 사랑으로 되돌려줍니다. 그 큰 사랑 앞에서 우리의 수고로움은 작아 보이기까지 합니다. 육아의 고단함에 지칠 때마다 이 사실을 떠올려보세요. 내가 아이를 사랑하는 것 이상으로, 아이도 나를 사랑한다는 것을. 우리에겐 그런 사랑을 받을 자격이 있다는 사실을 믿으세요. 그것이 우리를 살아가게 하는 힘이 될 테니까요.

4. 워킹맘이라고 자녀에게 미안해하지 마세요

2022년 기준, 대한민국 맞벌이 가구 비중은 약 46%로 역대 최대치를 기록했습니다. 2024년에는 IMF 시기를 능가하는 심각한 저성장이 예견되는 상황에서 직장을 다니면서도 투잡, 쓰리잡을 하는 가구도 상당히 많습니다. 팍팍해지는 살림살이 그리고 자녀를 키우면서 잘 쉬지도 못하는 부모들의 상황이 안타깝습니다.

2022년 2분기 기준으로 맞벌이 가정의 평균 소득은 761만 원, 외벌이 가정은 483만 원을 기록했습니다. 맞벌이든 외벌이든 각자의 장단점이 있겠지만, 맞벌이가 불가피한 상황, 특히 워킹맘으로서 자녀교육을 고민하시는 분들께는 제가 드리는 이 조언이 작은 도움이 되었으면 합니다.

직장맘이 자녀에게 줄 수 있는 최고의 선물

맞벌이 부부들은 자녀에게 종종 미안한 마음을 안고 삽니다. 옆집 엄마처럼 학원 라이딩도 해주고 각종 입시 정보도 발품 팔아서 대신 해줘야 하는데 그런 일도 못 해준다는 미안함 때문입니다. 이따금 엄마들 모임에 참석하면 소외감을 느끼는 일이 비일비재한데, 그 마음이 얼마나 막막할까요?

하지만 어쩔 수 없는 모임이라도 굳이 참석하실 필요는 없습니다. 대개 엄마들의 정기적인 모임은 이미 그들만의 리그가 형성되어 있어서, 가끔 참석하는 엄마들을 쉽게 받아들이지 않습니다. 게다가 그들이 나누는 입시 정보나 학원 선택이 반드시 옳은 것도 아니니, 너무 신경 쓰지 않으셔도 됩니다.

더 중요한 것은, 수입원이 어디든 엄마가 일을 하는 것이 바람직하다고 봅니다. 최근 자녀를 명문대에 보냈다며 회사까지 그만두고 헌신했다는 이야기들이 많이 나오지만, 그것은 그 가정의 특수한 상황일 뿐 모두가 따라 할 수 있는 것은 아닙니다. 각자의 형편에 맞게 하면 되고, 미디어의 내용에는 과장이 있을 수 있다는 점도 기억하세요.

엄마가 일하는 것이 중요한 이유는 자녀에게 최고의 롤모델이 되어주기 때문입니다. 직장에서 인정받고 성공하는 엄마의 모습을 보며, 아이들은 자연스럽게 성공과 노력이 어떤 관계를 맺는지 배우게 됩니다. 이는 그 어떤 사교육으로도 대체할 수 없는 값진 교육입니다.

요즘은 초등 3학년만 되어도 교육(학습) 내용이 어려워 엄마들이 가르치기 힘들어합니다. 엄마가 가르치다 보면 아이와의 관계만 틀어지게 됩니다. 그러나 일하는 엄마에게는 큰 강점이 있습니다. 사회적으로 어떤 위치에 있든, 직장 생활을 통해 형성된 '사회적 관계망'이 자녀 교육에 더 풍부한 도움을 줄 수 있기 때문입니다.

엄마가 사회관계에서 만나는 사람들이 다양해지면, 굳이 엄마들 모임에 참석하지 않아도 자녀에게 맞는 학교가 어딘지, 어떤 학습 형태가 좋은지 그리고 엄마가 어떤 지원을 해주면 좋을지 자연스럽게 알게 됩니다.

많은 분이 "직장맘인데 아이에게 뭘 해줘야 하나요?"라고 물어보시는데요, 아주 간단합니다. 아이에게 지나친 관심과 기대치를 조금 줄이시고, 엄마가 하는 일에 최선을 다하는 모습을 보이면 됩니다. 엄마 자신이 하는 일에 자부심을 느끼고, 그 일의 어려움도 자녀에게 이야기해보세요. 또 그 어려운 일을 해결하는 과정을 아이에게 설명하면 됩니다. 직접 수학을 가르치는 것보다 더 많은 것을 아이에게 줄 수 있습니다.

아이들은 학교라는 작은 사회를 거쳐 어른이 되어 더 큰 사회로 나가게 됩니다. 이때 부모의 성공과 실패 경험, 즉 부모를 통해 배우는 회복탄력성은 그 어떤 것으로도 대체할 수 없는 소중한 자산이 됩니다.

엄마의 행복이 가장 중요합니다

이상하게 우리나라에서는 엄마라는 존재가 아직까지도 시대 변화를 못 따라가고 있다는 생각이 듭니다. 가정 구성원 중에서 유독 '엄마의 희생', '엄마의 헌신'을 당연하게 여깁니다. 아직까지 보수적인 사회 이념이 남아 있고, 엄마들도 엄마의 도리를 해야 한다는 압박감에서 자유롭지 못합니다.

하지만 지금은 양육도 유튜브를 통해 공부하고 궁금한 것은 금방 찾을 수 있는 시대입니다. 예전 부모들과 달리 지금 대부분의 엄마는 대학 과정 이상의 공부를 했죠. 이제는 엄마의 역할도 과감하게 바뀌어야 합니다.

자녀를 키우며 모든 것을 포기하고 헌신했어도, 사춘기가 되면 반항하고, 집에서는 얌전하던 아이가 밖에서 싸움을 하는 등 부모 마음을 아프게 하기도 합니다. 이 정도는 성장 발달 과정에서 자기 정체감을 형성해가는 과정이라고 하더라도, 비싼 돈 들여 사교육 시키고 대학을 보내도 결국 취업하거나 결혼하면 아이들은 부모 곁을 떠나게 돼 있습니다.

"그래, 너만 행복하면 된다"라고 부모들은 말하지만 속은 그게 아니죠. 어쩌다 자취하는 아이에게 음식을 해서 가려고 하면 "바쁜데 왜 오냐"고 하지 않나요? "요즘 배달 음식 잘 나와서 시켜 먹으면 된다"고 하지 않나요? 자식들은 원래 그런 거라고 하지만, 솔직히 엄마 마음도 몰라주는 이 행동들이 배신처럼 느껴

지지요.

그러니 지금부터라도 자녀에게 뭘 해주고 나중에 보상받겠다는 생각은 하지 마세요. 그거 기대하다 늙어 죽습니다. 나중에 겪을 실망감이 큽니다. 그러니 딱 해줄 만큼만 해주세요. 이제부터는 엄마의 존재감을 뽐낼 수 있는 기회를 더 만드시길 바랍니다. 엄마도 자녀에게만 모든 관심과 열정을 쏟지 마시고 자신의 삶을 소중히 여기세요. 자신의 일이 있고 그 일에 열정을 쏟아야 자기 삶에 대한 가치도 새롭게 정립될 것이고, 그렇게 인생을 유지해야 나중에 만날 자녀의 배신을 조금이라도 줄일 수 있습니다.

자신의 일이 없이 오로지 자녀만을 위해 살아가는 엄마는 훗날 자녀가 뜻대로 움직이지 않거나 계획한 대로 흘러가지 않을 때 깊은 절망과 좌절에 빠지게 되고, 결국 정신적 트라우마를 이기지 못하는 사례도 많습니다. 그리고 이런 경우 남편과의 사이도 그리 좋지 않은 사례도 많습니다.

엄마가 정서적으로 안정되고 균형 잡힌 삶의 가치를 알아야 가정이 행복해집니다. 그리고 이 행복을 타인으로부터 느끼려 하거나 요구하는 건 오래가지 못합니다. 남에게 받는 인정과 행복 버튼은 결국 그 샘이 마르기 마련입니다. 그러니 '지호 엄마', '연진 엄마'가 아닌 나의 이름으로 살아가야 합니다. 나의 이름으로 존재감을 찾을 때 비로소 나를 관리하게 되고 자기 가치를 찾는 데 몰입하게 되거든요.

엄마들은 아주 철저하게 자기중심적 사고를 해도 됩니다. 누군가의 아내, 누군가의 엄마 역할은 지금도 충분히 잘하시잖아요. 그냥 그들을 심리적으로 늘 뒷받침하고 응원하고 있다는 표현만 하시면 됩니다.

자신부터 사랑하세요

이것만은 기억해주세요. 엄마 스스로가 자신을 먼저 돌보고 아낄 때, 비로소 누군가의 엄마가 아닌 나의 행복을 찾게 되고, 엄마가 행복을 찾게 되면 가족 구성원 모두가 행복할 가능성이 매우 높습니다. 누군가의 엄마로만 살게 되면, 내 인생의 행복과 즐거움에 대한 주도권은 그 누군가가 쥐게 됩니다.

당신은 누군가의 엄마이기 이전에 한 인격체입니다. 자신의 꿈과 행복을 찾아가는 여정을 멈추지 마세요. 그것이 진정 자녀에게 좋은 엄마가 되는 길입니다. 당신의 빛나는 인생을 응원하겠습니다.

0교시 골든타임

"이만하면 괜찮아. 지금 나 잘 해내고 있어. … 이런 생각 충분히 해도 됩니다."

일과 육아 사이에서 워킹맘들은 늘 죄책감에 시달립니다. 완벽한 엄마가 되려 애쓰지만, 현실은 녹록지 않죠. 하지만 우리는 가끔 잊고 삽니다. 육아와 일이 100미터 달리기가 아닌, 마라톤과 같다는 사실을 말이에요.

내내 전력 질주할 순 없습니다. 중간중간 속도를 조절하고, 휴식을 취해야 먼 길을 갈 수 있습니다. 그러니 때로는 이렇게 말해보세요. '이만하면 잘했어. 난 충분히 잘하고 있어.' 스스로 다독이고 응원하세요. 내 몸과 마음이 지치지 않는 것, 그것이 아이에게 줄 수 있는 가장 큰 선물임을 기억하세요.

5. 부모의 자존감이 아이의 성공을 결정한다

"우리 아이, 성실하고 공부도 곧잘 하는 것 같은데 행복해 보이지 않아요." "아이가 하고 싶어 하는 게 뭔지 모르겠어요."

이런 고민을 하시는 부모님들, 잠시 멈춰 서서 생각해보시기 바랍니다. 우리는 아이의 성공을 위해 달리고 있다지만, 정작 아이의 마음을 제대로 보고 있는지 말입니다. 어린 시절부터 자신만의 고유한 감정과 욕구를 존중받지 못한 아이는 건강한 자아 형성이 어려울 수밖에 없습니다.

많은 부모가 아이의 학업, 특기 활동, 심지어 미래 직업까지 정해주려 합니다. 하지만 이렇게 자란 아이들은 성인이 되어서도 자신의 진정한 욕구를 알지 못한 채 방황하게 됩니다. 의대에 진학했지만 정작 의사가 되고 싶지 않아 고민하는 20대, 부모님이 원하는 대기업에 취직했지만 행복하지 않은 30대의 모습을 주변에서 쉽게 볼 수 있습니다. 아이 때부터 자신의 감정과 욕구를 존중받지 못한 결과입니다.

아이의 성장을 이끄는 자존감의 3단계

자존심과 자존감은 종종 혼동되는 개념이지만, 이 둘의 차이를 이해하는 것은 아이들의 성장에 매우 중요합니다. 자존심은 마치 유리로 만든 성과 같습니다. 겉으로는 화려하고 단단해 보이지만, 작은 충격에도 쉽게 깨질 수 있습니다. 남의 시선에 지나치게 신경 쓰고, 자신의 약점을 숨기려 하며, 비판을 받아들이기 어려워하는 것이 그 특징입니다.

반면 자존감은 탄력 있는 고무공과 같습니다. 어떤 상황에서도 본래의 모습을 유지하며, 떨어져도 다시 튀어 오릅니다. 자존감이 높은 사람들은 자신의 모든 면을 있는 그대로 받아들이고, 긍정적인 자세로 삶에 임합니다. 이는 자신의 가치에 대한 바른 인식에서 비롯됩니다.

자존감은 "자아, 1차 자존감, 2차 자존감" 이렇게 세 가지로 구분됩니다. '자아'는 태어날 때부터 누구나 가진 자기의식이나 관념입니다. 1차 자존감은 태어나서부터 세 살, 영 · 유아기에 부모와의 관계를 통해 형성되는 핵심 자존감으로, "타인이 자신을 사랑해줄 것이라는 믿음"과 밀접한 관련이 있습니다.

2차 자존감은 아이가 성장하는 과정에서 만들어집니다. 각종 성취 경험 등이 쌓이면서 "나는 어떤 일이든 간에 잘할 수 있는 사람"이라는 믿음으로 발달합니다. 이 시기에는 큰 목표보다 빨리 달성할 수 있는 단기목표를 통해 성취감을 느끼게 해주는 것이 중요합니다. 하루에 30분씩 책 읽기, 30분간 운동하기, 과제 마무리하기 등을 해낼 때 아낌없이 칭찬해주면 아이는 그 성취감을 발판 삼아 다음 단계로 도약할 수 있습니다.

그러나 1차 자존감에 비해 2차 자존감이 지나치게 높으면 실패를 극복하기 어려울 수 있습니다. 늘 칭찬만 듣던 아이가 한 번의 실패로 무너지는 경우가 있습니다. 초등학교 때부터 고등 수학을 선행학습한 아이들이 영재학교에 떨어지거나 학원 레벨 테스트에서 뒤처지면 소외감에 빠지는 것이 그 예입니다.

건강한 자존감 형성을 위해서는 부모의 역할이 중요합니다. 아이를 있는 그대로 인정하고 사랑하며, 작은 성취에도 진심 어린 칭찬을 해주되, 실패 역시 성장의 과정임을 알려주어야 합니다.

낮은 자존감의 세대 간 전승: 끊어야 할 악순환

자존감이 낮은 부모님 밑에서 자란 아이는 자신을 있는 그대로 받아들이지 못하고, 늘 타인의 평가에 민감하며, 자신의 감정보다 남의 눈치를 보며 살아갑니다. 이는 부모의 가치관을 그대로 내재화한 결과입니다. 더 심각한 문제는 이런 성향이 성인이 되어서도 지속된다는 점입니다.

따라서 일상에서 작은 성취라도 찾아 칭찬해주는 것이 중요합니다. 하지만 자신을 칭찬해본 경험이 없는 부모는 아이를 칭찬하는 것도 어려워합니다. "네가 잘하면 칭찬해줄게"라는 조건부 사랑 대신, "넌 그 자체로 소중해"라는 무조건적 사랑을 보여주세요. 이는 아이의 자존감 형성에 결정적인 역할을 합니다.

오랜 시간 부모님으로부터 인정이나 칭찬을 받지 못한 아이는 성인이 되어서도 타인의 칭찬을 믿지 못합니다. "저 사람이 칭찬하는 데에는 다른 의도가 있는 게 분명해"라고 생각합니다. 결국, 좋은 대학, 좋은 직장을 다니지만 자신의 감정을 믿지 못하므로 하루하루가 행복하지 않고 타인의 감정에만 신경 쓰게 됩니다.

'동일시의 저주'란 자신과 비슷한 특징을 가진 다른 사람의 행동이나 성격에 영향을 받는 현상을 말합니다. 이는 부모-자녀 관계에서 특히 강하게 나타납니다. 부모가 자신을 부족한 존재로 여기면, 무의식적으로 아이도 그렇게 바라보게 된다는 것입니다. 예를 들어, 학벌 콤플렉스가 있거나 사회적 위치에 아쉬움이 있는 부모들은 아이를 혹독하게 몰아세웁니다. "아이가 실수할 때마다 부족했던 나를 보는 것만 같아요. 그래서 아이가 부족하면 마치 내가 부족한 것처럼 느껴져요." 이런 부모들은 아이만큼은 자신과 다르길 바라며 엄격한 잣대를 들이댑니다.

아이의 실수나 부족함이 여러분을 불편하게 하나요? 그렇다면 그것이 정말 아이의 문제인지, 아니면 부모 자신이 해결하지 못한 감정의 문제인지 되돌아볼 필요가 있습니다.

부모의 자존감, 자녀 성장의 든든한 뿌리

자존감이 높은 아이 옆에는 반드시 자존감 높은 부모가 있습니다. 아이가 도전을 두려워하고 쉽게 지치며, 주변 환경에 적응하기 어려워하는 이유는 많은 경우 부모의 낮은 자존감과 연관이 있습니다. 부모님이 자신의 자존감 문제를 인식하고 개선하려는 노력을 하지 않으면, 그 영향은 고스란히 아이에게 전해집니다.

아이의 성장 과정에서 어려움은 피할 수 없습니다. 학교에서의 대인관계, 학원이라는 새로운 환경, 성적의 부침 등을 겪게 됩니다. 이럴 때 아이에게 힘이 되는 것은 부모님과의 애착 관계를 통해 형성된 자아 존중감입니다. 스스로 소중하게 여기는 아이는 어떤 어려움도 상대적으로 쉽게 극복할 수 있습니다.

한 초등학생이 학교 합창대회에서 실수로 음을 놓쳐 울음을 터뜨렸습니다. 자존감이 낮은 부모라면 "네가 연습을 더 열심히 했어야지"라며 비난했을 것입니다. 반면 자존감 높은 부모는

"실수는 누구나 할 수 있어. 네가 끝까지 노래를 마친 것이 자랑스러워"라고 말합니다. 이런 반응 차이는 아이가 실패를 대하는 태도와 자신감 형성에 큰 영향을 미칩니다.

부모의 자존감은 곧 아이의 자존감으로 이어집니다. 부모의 변화가 선행되어야 아이도 성장할 수 있습니다. 건강한 자존감 형성을 위해 다음 세 가지가 필요합니다.

첫째, 말과 행동의 일치입니다. 부모의 행동이 최고의 교과서이므로, 자녀 앞에서 말과 행동이 다른 모습을 보여서는 안 됩니다.

둘째, 부모의 진정성 있는 태도입니다. 말보다 더 중요한 것이 부모의 반응입니다. 겉과 속이 다른 모습은 아이를 혼란스럽게 만듭니다. 부모의 내면이 성숙할 때 아이에게 좋은 영향을 미칠 수 있습니다.

셋째, 자기 사랑의 실천입니다. 자신을 사랑하지 못하는 부모는 자녀의 단점에도 지나치게 엄격해집니다. 먼저 자신을 있는 그대로 수용하고 사랑하는 자세가 필요합니다.

"아이의 미래는 부모의 거울"이라는 말이 있습니다. 이는 부모의 자존감이 자녀 교육에 얼마나 중요한지를 잘 보여줍니다. 자존감이 낮은 부모는 무의식중에 자신의 결핍을 아이에게 투영하려 드는 경향이 있습니다. "너는 꼭 나보다 잘돼야 해"라는 말씀에는 부모 자신의 미해결된 욕구가 숨어 있습니다.

자존감이 낮은 부모는 자신의 감정과 욕구를 제대로 인지하지 못해 아이의 감정도 온전히 받아들이지 못합니다. 이들은 아이의 진짜 감정과 욕구보다는 '해야 할 것'에만 집중하게 됩니다. 이는 마치 아이의 인생 내비게이션을 '부모의 불안'으로 설정하는 것과 같습니다.

이런 환경에서 자란 아이들은 마치 부모의 꿈을 대신 사는 인형과 같아집니다. 자신의 진정한 욕구와 재능을 발견할 기회를 잃고, 부모님의 기대에 맞춰 살아가게 되는 것입니다. 나 자신이 아이에게 하는 말, 보여주는 행동이 어떤 메시지를 전달하고 있는지 생각해볼 필요가 있습니다.

0교시 골든타임

"부모와 자녀 모두에게 진정한 '인정'은 자존감의 근원이 됩니다. 누군가 나의 존재를 온전히 받아들여주고, 소속된 공동체에서 긍정적인 관계를 맺을 때 자존감은 자연스레 높아집니다."

아이의 자존감은 부모에게서 시작됩니다. 부모가 먼저 자신을 사랑하고 인정할 때, 자녀 역시 자신을 소중히 여기는 법을 배우게 됩니다. 반면 외부의 기준에만 맞추려 한다면 자존감은 점차 낮아지고, 타인의 평가에 휘둘리며 자신을 끊임없이 부족한 존재로 여기게 됩니다.

이때 필요한 것이 바로 진심 어린 '인정'입니다. 누군가 나의 존재 자체를 인정해주고, 공동체 안에서 깊은 소속감을 느낄 때 우리는 자존감을 회복할 수 있습니다. 부모의 무조건적인 사랑과 친구들과 나누는 진정한 공감이 우리를 지탱하는 힘이 됩니다.

우리 아이에게 이러한 인정과 사랑을 아낌없이 전해주세요. 세상의 인정이 없더라도 괜찮습니다. 부모로서 "난 네가 자랑스럽고, 언제나 네 편"이라고 말해주세요. 그 믿음과 사랑이 우리 아이를 든든하게 지켜줄 것입니다.

6. 원영적 사고:
새로운 긍정성의 패러다임

'원영적 사고'라는 말을 들어보셨나요? 이는 걸그룹 아이브IVE의 멤버 장원영의 초 긍정적 사고방식에서 유래된 신조어입니다. 장원영의 긍정적인 마인드는 이미 유명했지만, 2024년 3월 15일 트위터 팬 계정의 패러디 게시글이 SNS에 퍼지면서 본격적으로 유행하기 시작했죠. 4월 24일 한 기업 브랜딩 세미나에서 언급되면서 커뮤니티로 급속도로 확산되었고, 'Lucky'와 장원영의 영어 이름 'Vicky'를 합친 '럭키비키'라는 말도 함께 쓰이게 되었습니다.

'원영적 사고'는 단순한 긍정적 사고를 넘어, 현실의 어려움을 인정하되, 그 안에서 성장의 기회를 발견하는 균형 잡힌 긍정 마인드를 뜻합니다. 부정적 현실을 회피하거나 왜곡하지 않으면서도, 그 상황 자체를 긍정적 결과로 가는 과정으로 받아들이는 사고방식인 셈이죠. 원영적 사고는 이렇게 생각합니다. 과제에 치여 스트레스 받는 상황도 "오히려 좋아, 이렇게 미리 해두면 시험 기간에 여유가 생기겠네"라고 받아들입니다. 버스를 놓쳐서 허둥지둥할 때도 "걸어가면서 운동도 하고 생각도 정리할 수 있겠다"며 의외의 기회를 발견하죠. 심지어 계획이 틀어졌을 때도 "이런 예상 못 한 상황에서 더 창의적인 해결책이 나올 수 있어"라고 생각합니다. 이처럼 원영적 사고는 당장의 불편함이나 실패 속에서도 다음 단계로 나아갈 긍정의 동력을 찾아냅니다.

'원영적 사고'의 핵심은 현실을 외면하는 자기 합리화를 위한 긍정이 아니라는 데 있습니다. 안 좋은 상황을 그대로 직면하되, 그것이 나아지리라는 희망을 잃지 않는 것, 우리 자녀들이 이러한 원영적 사고를 배워야 하는 이유가 여기에 있습니다.

셀럽의 긍정 메시지가 주는 영향력

요즘 연예계에는 사건 사고가 많은데, 청소년들에게 큰 영향을 미치는 셀럽들의 한마디는 부모의 말보다 더 큰 파장을 가져옵니다. 인기 있는 가수나 배우들은 실력뿐만 아니라, 그들이 보여주는 마음가짐과 행동에 따라 팬들의 진정한 사랑을 받게 되죠.

BTS는 전 세계적으로 음악을 통해 위로와 치유의 메시지를 전하고 있고, 〈밤양갱〉의 가수 비비는 힘든 시절 "설마 굶기야 하겠어, 그냥 음악 열심히 하자!"는 긍정 마인드로 버텨 결국 성공했다고 합니다.

긍정 심리학자 셀리그만은 긍정 정서와 긍정 특성에 기반한 "강점 중심 행복 방법론"을 제시했고, 아들러 심리학은 누구나 지닌 '열등감'을 극복하는 과정에서 인간이 성장한다고 보았습니다. 또 인간중심상담의 창시자 칼 로저스는 내담자가 스스로 건강하게 성장할 수 있는 잠재력을 가지고 있다고 봅니다. 로저스는 상담자가 내담자를 직접 변화시키기보다는, 내담자가 자신의 잠재력을 발휘할 수 있는 환경을 제공하는 것이 중요하다고 강조했습니다.

원영적 사고가 가진 긍정성의 가치

원영적 사고가 지닌 긍정적 심리 가치를 세 가지로 정리할 수 있습니다.

첫째, 유명인이 긍정적 메시지를 전파한다는 점입니다. 정서적으로 혼란스러운 아이들에게 인기 셀럽의 건강한 메시지는 그 자체로 의미가 있습니다. 유명세만큼 책임감도 함께 짊어지는 장원영의 모습에서 희망을 봅니다.

둘째, 혼란스러운 세상 속에서 원영적 사고는 균형 잡힌 의미

부여를 합니다. 어려움의 책임을 남에게 전가하지 않고, 내가 처한 상황을 객관적으로 바라보고, 균형 잡힌 사고로 이해하며, 긍정적 행동 변화를 이끌어냅니다. 이는 원영적 사고가 강조하는 부분입니다.

셋째, 원영적 사고에는 자기 충족적 예언, 즉 자아 성취적 예언이 담겨 있습니다. 미래에 대한 기대대로 나를 규정하고 행동하면, 결국 내가 바라던 모습에 다가갈 수 있다는 의미입니다. 이와 유사한 심리학적 용어로는 끌어당김의 법칙, 자기 규정 효과, 피그말리온 효과, 로젠탈 효과 등이 있으며, 모두 우리가 생각한 대로 결과가 이루어진다는 의미를 담고 있습니다.

객관적 현실 인지가 필수다

하지만 긍정적 사고를 말할 때 한 가지 짚고 넘어가야 할 점이 있습니다. 긍정의 진정한 의미는 긍정을 말하는 사람과 그것을 받아들이는 사람 모두가 "현실을 정확히 인지할 때만" 완성된다는 사실입니다.

흔히 긍정적 사고의 예시로 "물이 반이나 남았네"를, 부정적 사고의 예시로 "물이 반밖에 안 남았네"를 듭니다. 하지만 과연 전자가 무조건 긍정적 사고일까요? 그렇지 않습니다. 이 말이 진정한 긍정이 되려면 화자가 실제로 물을 필요로 한다는 전제가 있어야 합니다.

예를 들어, 물을 마시고 싶지 않은 자녀에게 "물을 다 마시라"고 강요할 때 자녀가 "물이 반이나 남았네"라고 생각하는 것은 결코 긍정적 메시지가 될 수 없습니다. 오히려 부담과 스트레스만 가중될 뿐입니다.

따라서 무조건적인 긍정은 경계해야 합니다. 건강한 낙관은 삶에 좋은 영향을 미치지만, 과도한 낙관은 현실을 외면하는 '해로운 긍정성' 또는 '독성 긍정성'이 될 수 있습니다. 이는 심리학에서 모든 상황을 지나치게 낙관적으로만 바라보려는 비효율적 과잉 일반화를 의미하는 개념입니다.

독성 긍정성은 세 가지 부작용을 낳습니다.

첫째, 현실 도피입니다. 부정적인 것들을 외면한 채 무조건 긍정만 강요하다 보면 오히려 내적 고통만 깊어집니다. 완벽한 긍정이란 결국 현실도피의 다른 이름일 뿐입니다.

둘째, 감정 억압입니다. 불안이나 우울 같은 부정적 감정을 억누르면 오히려 더 큰 부담을 안게 됩니다. 정신 건강 문제를 가볍게 여겨서는 안 되는 이유입니다.

셋째, 회복탄력성 저하입니다. 역경을 극복하고 적응하는 능력인 회복탄력성은 부정적 상황과 감정을 인정하고 수용하는 과정을 거칠 때 생깁니다. 그런데 지나친 긍정은 이 과정을 방해해 오히려 회복탄력성을 떨어뜨리고 맙니다.

스톡데일 역설이 주는 교훈

"스톡데일의 역설"이라는 말이 있습니다. 제임스 스톡데일 미국 해군 장교는 베트남 전쟁 중 포로가 되어 1965년부터 1973년까지 약 8년간 극심한 고문과 좁은 독방에서 고통을 겪었습니다. 많은 포로들이 희망 없는 낙관에 기대어 고문을 견디지 못하고 사망한 반면, 스톡데일은 현실을 냉철하게 인식하고 체력을 유지하며 살아남기 위해 최선을 다했습니다. 그는 미래에 대한 희망의 끈을 놓지 않으면서도 현실적인 문제를 직시하고 대응했습니다.

"스톡데일의 역설"은 합리적인 낙관주의와 현실적인 접근이 공존할 수 있음을 보여줍니다. 현실을 정확히 인식하고 문제 해결을 위한 실질적인 노력을 기울이는 한편, 장기적인 목표와 희망을 유지하는 것이 인간의 놀라운 탄력성을 증명하는 사례입니다.

눈앞의 고난에 압도되지 않으면서 동시에 미래를 희망적으로 바라보는 것. 그것이 '원영적 사고'가 우리에게 던지는 메시지가 아닐까요?

0교시 골든타임

2024 파리 올림픽 공기소총 금메달리스트 반효진 선수는 인터뷰에서 "나도 부족하지만 남도 별거 아니다"라는 말을 했습니다. 이것이 SNS에서 화제가 되면서 이른바 '효진적 사고'를 만들었습니다.

'원영적 사고'와 '효진적 사고', 요즘 이 둘이 화제입니다. '원영적 사고'는 어떤 상황에서든 긍정적인 면을 찾는 것이고 '효진적 사고'는 한계를 인정하되 도전정신을 잃지 않는 것입니다. 우리 삶에 있어 어느 하나만 정답일 순 없습니다. 상황에 따라 두 사고를 오가는 지혜가 필요해요.

아이 역시 마찬가지입니다. 때로는 아이의 장점을 보고 칭찬할 때가 있습니다. 또한 때로는 아이의 부족함을 인정하고 함께 노력해야 할 때가 있죠. 긍정의 자세로 아이를 믿어주되, 한계를 인정하고 도전하는 겸손한 자세를 잃지 않는 것. 그것이 균형 잡힌 성장을 이끕니다. 부모가 먼저 실천하는 순간, 아이의 변화가 시작됩니다.

7. 무의식의 비밀: 당신이 모르는 사이 아이를 바꾸는 힘

한숨과 함께 시작되는 하루, 우리는 종종 아이를 바라보며 깊은 고민에 빠지게 됩니다. "왜 우리 아이만 이럴까?" 하는 생각이 머릿속을 맴돕니다. 하지만 잠깐, 이러한 생각들이 과연 우리의 진짜 마음일까요?

프로이트가 말한 '무의식'은 우리의 행동을 조종하는 보이지 않는 조정자입니다. 우리도 모르는 사이에 과거의 경험, 억압된 감정들이 우리의 말과 행동을 좌우합니다. 무의식 속에는 마음 속 깊이 억압된 사고와 감정, 기억들이 저장되어 있습니다. 이러한 무의식은 하루아침에 형성되는 것이 아닙니다. 지금 자녀를 키우는 부모가 어린 시절 겪었던 양육 경험, 부모로부터 받은 태도, 그리고 가정환경의 영향이 고스란히 담겨 있는 것입니다. 이렇게 무의식은 시간이 켜켜이 쌓여 우리의 일부가 됩니다.

예를 들어, 부모가 평소 50점 받던 자녀가 공부해서 80점짜리 시험지를 갖고 왔을 때 "아주 잘했어, 기특해"라고 해야 할 것을 그만 "돈을 그렇게 쏟아 부었는데도 겨우 80점이냐"라고 말했다고 합시다. 부모는 '내가 너에게 이렇게 투자하는데 이것밖에 못 해?'라는 경멸하는 심리를 보인 것입니다.

이런 상황에서는 아이의 성장을 인정하고 격려하는 것이 중요합니다. "50점에서 80점으로 올랐다니 대단해. 어떻게 공부했는지 말해줄래?" 이렇게 물어야 합니다. 아이의 노력을 인정하고, 그 과정에 관심을 가지는 것이 아이의 자존감과 학습 동기를 높이는 데 큰 도움이 됩니다.

무의식과 방어기제:
아이의 행동 뒤에는 이유가 있다

자녀를 키우다 보면 생각보다 이런 일이 자주 발생합니다. 성실하고 열심히 공부하는 딸이 "엄마, 나 이렇게 지금처럼 공부하면 원하는 대학 갈 수 있겠지?"라고 물으면 보통은 "그럼, 넌 갈 수 있지"라고 하면 되는데, 이때도 무의식이 자기도 모르게 작용합니다. "야, 지금 그 정도 공부 안 하는 애들 있니? 시험 한번 잘 봤다고 까불지 말고 지금부터 더 열심히 해, 알았어? 지금부터 정신 차려, 이제 시작이야." 이는 자녀에 대한 불안과 불신이 무의식의 틈새로 새어나온 것입니다.

무의식은 우리의 기억과도 깊은 관련이 있습니다. 우리는 원하는 것은 쉽게 기억하지만, 싫거나 고통스러운 기억은 무의식의 서랍 깊숙이 숨겨버립니다. 예를 들어, 남편의 명품가방 선물 약속은 잊지 않지만, 갚아야 할 빚이나 너무 싫은 사람들과 어쩔 수 없는 모임은 잊으려 합니다.

프로이트는 인간의 모든 심리 현상이 무의식적 동기에서 비롯된다고 말했습니다. 이러한 무의식적 동기나 욕구를 억압하지 못할 때 나타나는 것이 바로 '방어기제'입니다. 방어기제는 마음이 스스로를 지키는 자연스러운 보호막입니다.

"한 학생이 상담실에 왔습니다. 부모님께 늘 꾸중만 듣는다고 하더군요. 상담 과정에서 이 학생이 부모님의 말씀을 의도적으로 '안 들리는 척'한다는 걸 알게 되었습니다. 전형적인 방어기제였습니다. 부모님과 대화법을 바꾸자 학생의 태도도 서서히 달라졌습니다."

방어기제 사용은 지극히 자연스러운 행동입니다. 왜 아이들이 부모가 무슨 말을 할 때 고개만 숙이고 있는지, 또 왜 반항하는지 이제 이해할 수 있을 것입니다. 방어기제는 아이의 울타리와 같습니다. 때로는 그 울타리를 넘어 아이의 마음을 이해해야 합니다.

방어기제의 종류는 다양하며, 자녀의 발달 수준이나 불안 정도에 따라 다르게 나타납니다. 이 또한 무의식의 영역입니다. 우리는 부모로서 자녀의 무의식과 방어기제를 이해하고, 이를 통해 더 나은 소통 방법을 찾아야 합니다. 아이의 행동 뒤에는 이유가 있습니다. 자녀의 행동 이면에 있는 감정과 동기를 이해할 때, 우리는 더 효과적으로 자녀를 지원할 수 있습니다. 이 보호막 너머의 진짜 마음을 읽는 것이 소통의 시작입니다.

부모의 무의식이 자녀의 미래가 된다

지금까지 무의식에 관한 이야기를 한 이유는 무의식이 자녀교육과 아주 밀접한 관계가 있기 때문입니다. 무의식은 DNA처럼 세대를 넘어 전해지는 보이지 않는 유산입니다. 좋은 것도, 나쁜 것도 모두 자녀에게 전해집니다. 자녀교육에 있어 부모의 무의식은 생각보다 큰 영향을 미칩니다. 특히 어릴수록 그 영향력이 크며, 이는 사춘기에 이르러 폭발적으로 나타날 수 있습니다.

많은 부모는 자신의 어린 시절 경험을 바탕으로 "나는 절대 그렇게 하지 않겠다"라고 다짐합니다. 하지만 현실은 종종 변하지 않습니다. 예를 들어, 부모의 다툼을 보고 자란 사람이 결혼 후 자신도 모르게 비슷한 행동을 반복하는 경우가 많습니다.

중요한 것은 단순히 과거보다 나아졌다고 안심하는 것이 아니라, 현재 자신의 행동이 무의식적으로 부모의 패턴을 따르고 있는지를 인식하는 것입니다. 대부분의 부모는 자라온 환경 속에서 자신도 모르는 무의식을 그대로 자녀에게 물려주고 있습니다.

이러한 무의식의 대물림을 막으려면 자신을 객관적으로 바라보는 노력이 필수입니다. 예컨대, 열등감을 부정하고 우월감에 집착하는 부모 밑에서 자란 자녀는 겉으로는 다른 삶을 추구하더라도, 결국 비슷한 심리적 패턴을 반복하게 됩니다. 따라서 부모는 자신의 무의식적 행동 양식을 인식하고 개선하려 노력해야 합니다. 이는 단순한 경제적 성취나 외적 성공을 넘어서는 문제입니다.

진정한 의미의 좋은 부모가 되기 위해서는 자신의 무의식을 이해하고 다루는 것이 핵심입니다. 자기 객관화는 그 시작점이 됩니다. 비록 쉽지 않은 과정이지만, 아이들이 진정한 자유를 얻기 위해서는 부모가 반드시 거쳐야 할 길입니다. 끊임없는 자기 성찰과 개선을 통해, 우리는 아이들에게 긍정적인 영향을 미치는 부모로 성장할 수 있을 것입니다.

자녀 교육의 최종 목표는 아이의 행복

많은 학부모가 "우리 아이는 누굴 닮아서 이러는지 모르겠어요"라고 말합니다. 하지만 사실 아이는 대부분 부모를 닮습니다. 자녀 교육에서 문제의 근원은 대부분 아이가 아닌 부모에게 있습니다. 한 어머니는 아이의 화내는 습관 때문에 상담을 요청했습니다. 상담 과정에서 알게 된 것은, 어머니 자신도 스트레스 상황에서 쉽게 화를 낸다는 것이었습니다. 어머니가 이를 인식하고 자신의 행동을 바꾸기 시작하자, 아이의 행동도 서서히 변화하기 시작했습니다.

자녀 교육의 시작은 부모 교육입니다. 우리가 변하면, 아이도 변합니다. 무의식은 보이지 않는 붓으로 아이의 인생을 그려갑니다. 따라서 부모가 자신의 무의식을 의도적으로 인식하고 관리하는 것이 중요합니다.

결국 자녀 교육의 최종 목표는 아이가 행복하게 사는 것입니다. 이를 위해서는 우리 부모가 먼저 행복해야 합니다. 핵심은 "부모가 행복해야 아이도 행복하다"라는 것입니다. 부모의 욕구를 먼저 채우라는 의미가 아닙니다. 부모가 스스로 온전히 사랑하고 존중할 때, 아이도 무의식적으로 자신을 사랑하고 존중하는 법을 배우게 됩니다. 부모의 자기 사랑이 아이 행복의 밑거름입니다. 자신을 사랑하는 법을 배워야 아이에게도 가르칠 수 있습니다.

오늘부터 시작합시다. 오늘 당신의 작은 깨달음이 아이의 평생을 바꿉니다.

0교시 골든타임

우리는 종종 어린 시절의 경험이 평생을 좌우한다는 말을 듣습니다. 특히 부모와의 관계에서 받은 상처는 그 영향이 오래도록 지속됩니다. 어린아이에겐 부모가 세상의 전부이기에, 부모에게서 느낀 고통을 오롯이 자신의 탓으로 돌리곤 해요. 그렇게 만들어진 생존 방식은 성인이 된 후에도 무의식중에 반복됩니다. 무엇보다 이러한 과정에서 만들어진 부정적인 정체성은 자녀의 일평생을 좌우하기 때문에 그 파급효과가 치명적입니다.

하지만 우리는 결코 아이에게 이런 굴레를 물려주고 싶지 않습니다. 그렇다면 부모로서 우리가 할 수 있는 일이 있어요. 먼저 우리 자신과 화해하는 것. 우리도 상처 입은 아이였음을 인정하고, 그 아픔을 이해하고 보듬어주는 거예요. 그리고 우리 아이에게 무조건적인 사랑과 존중을 보여주는 것. 네가 느끼는 감정은 언제나 옳다고, 너는 온전히 사랑받을 자격이 있다고 말해주세요.

우리가 어떤 부모이냐가 아이의 정체성을 결정합니다. 긍정적이고 건강한 사랑을 보여줍시다. 세상에 나 자신을 당당히 드러내는 아이로 자랄 수 있도록, 오늘도 우리는 아이 곁을 지켜봅시다.

5부

아이의 인생을 바꾸는 부모의 사소한 습관

1. 지루한 일을 오래 할 줄 알아야 성공한다

"우리 아이는 끈기가 없어요. 아마도 아빠를 닮은 것 같아요", "자기가 학원에 보내달라고 해놓고 일주일 다니더니 안 가겠대요", "이러다 나중에 뭘 하고 살지 정말 걱정이에요."

지루한 일을 오래 할 줄 알아야 성공한다

《그릿》의 저자 앤절라 더크워스 교수는 10년간의 연구를 통해 성공하는 사람들에게는 '그릿Grit'이 있다고 말합니다. 그릿이란 성공과 성취를 이끌어내는 데 결정적 역할을 하는 투지 또는 용기를 말하는데, 주목할 점은 재능보다 '노력'을 강조한다는 것입니다.

목표를 끝까지 이루어내는 아이들은 타고난 것이 아닙니다. 이는 부모가 적절한 교육 환경을 제공하고 꾸준히 성장을 도운 결과입니다. 실제로 끈기 있는 학생들이 고등학교 3학년까지 흔들림 없이 노력하며 성공적인 수험생활을 이어갑니다.

이러한 끈기는 성인이 된 후에도 중요합니다. 자신의 꿈과 목표를 이루기 위해서는 훈련된 근성과 열정, 즉 그릿이 필요하기 때문입니다. 결국 이러한 자질을 가진 사람이 성공의 기회를 잡게 됩니다.

부모들이 원하는 '끈기'는 다른 말로 '지속성'입니다. 요즘 아이들이나 어른들은 똑같은 것을 반복하라고 하면 재미없어서 못합니다. 학생에게는 공부가, 성인에게는 자격증 준비나 다이어트가 그 시험대가 됩니다.

매일 반복되는 지루한 일을 오래 견딜 줄 알아야 성공할 수 있습니다. 물론 타고난 재능을 가진 아이들도 있겠지만, 그것만으로는 오래가지 못합니다. "지루한 반복을 오랫동안 견디며 지속하는 능력", 이것이 바로 끈기이자 지속성입니다.

부모의 잘못된 인식이 아이를 망친다

자, 지금부터 '끈기 있는 아이'로 만드는 5가지 방법을 알려드리겠습니다.

첫째, 부모부터 자녀를 "끈기 없다"라고 단정 짓지 마세요. 이것이 가장 큰 문제입니다. 많은 부모가 자녀의 몇 가지 행동만으로 끈기가 없다고 판단하지만, 이런 포기가 부모의 강요로 시작된 것은 아닌지 먼저 살펴보아야 합니다.

예를 들어, 일부 유명 학원은 레벨 테스트를 통과한 초등학생만 입학할 수 있습니다. 이를 위해 별도의 과외를 받는 아이들도 있죠. 초등학교 4학년이 고등수학 선행학습을 한다면 얼마나 힘들겠습니까? 이런 상황에서 아이들이 중도 포기하거나 지치는 것은 당연합니다.

아이와 충분히 대화를 나누고 학원에 보내주세요. 초등학생에게 과도한 끈기를 기대하는 것은 무리입니다. 그들은 아직 끈기를 유지하는 방법이나 자신의 힘을 효과적으로 관리하는 방법을 배우는 중입니다.

둘째, 칭찬은 적게, 인정은 크게 하세요. 여기서 '칭찬은 적게'라는 말은 칭찬을 아예 하지 말라는 뜻이 아닙니다. 많은 부모는 "넌 수학을 잘하는구나", "발표를 잘하는구나"와 같은 결과 중심의 평가를 칭찬이라고 생각하지만, 이는 사실상 자녀에게 부담을 주는 '평가'가 됩니다.

그렇다면 어떻게 칭찬하고 인정해야 할까요? 행동주의 심리학에서는 아이의 긍정적인 행동을 이끌어내는 방법으로 '강화'를 제시합니다. 강화에는 두 가지 방법이 있는데, 하나는 좋은 것을 더해주는 '정적 강화'이고, 다른 하나는 싫은 것을 덜어주는 '부적 강화'입니다.

정적 강화는 우리가 흔히 아는 방식입니다. 아이가 학교 과제를 했을 때 좋아하는 간식을 주거나 따뜻한 말로 격려하는 것이죠. 이런 긍정적인 경험이 쌓이면 아이는 자연스럽게 과제하기를 즐기게 됩니다.

부적 강화는 조금 더 창의적인 방법입니다. 약속한 시간에 책을 읽으면 그날의 방 청소를 면제해주는 것처럼, 바람직한 행동을 했을 때 부담스러운 일을 덜어주는 거죠. 1965년 데이비드 프리맥은 여기서 한 걸음 더 나아가 "프리맥의 원리Premack's Principle"를 제시했습니다. 이는 "방 청소부터 하면 TV를 볼 수 있어"처럼, 아이가 덜 선호하는 활동과 더 선호하는 활동을 전략적으로 연결하는 방법입니다. 이런 접근은 단순한 보상을 넘어 아이가 스스로 균형 잡힌 생활을 할 수 있도록 돕습니다.

예를 들어, 하루 종일 방안에서 무기력하게 게임만 하거나 유튜브만 보는 아이도 보통 일주일이면 스스로 방에서 나오게 됩니다. 이때 자녀와 게임 시간과 공부 시간을 정하고, 약속을 지켰다면 이렇게 말해주세요. "와, 우리 아들(딸) 대단해. 이렇게 마음먹으면 결국 해내는구나. 이렇게 노력하는 모습이 너무 자랑스럽다."

칭찬은 때에 따라서는 가벼운 말이 될 수 있는 반면, 인정은 아이의 성취와 노력을 진정으로 알아주는 의미가 있습니다. 이러한 부모의 태도가 아이와의 신뢰를 쌓고 더 나은 관계를 만드는 데 훨씬 도움이 됩니다. 오늘부터는 결과에 대한 단순한 칭찬 대신, 아이의 노력과 과정을 인정하는 진심 어린 말을 건네보세요.

셋째, 생활 속 루틴을 만드세요. 세계적인 작가 12명의 일상을 분석한 연구에 따르면, 이들은 매일 정해진 시간에 책상에 앉아 계획된 분량의 글을 써내려갔다고 합니다.

인간은 나약한 존재이기 때문에, 부모가 자녀에게 규칙적인 루틴을 만들어주는 것이 중요합니다. 예를 들어, 독서를 위해 가족이 함께 책을 읽을 수 있는 공간을 만들고 주 2회 정도 정해진 시간에 그곳에서 책을 읽으세요. 이때 부모도 반드시 함께 참여해야 합니다. '루틴'은 장기간 반복되는 행동이기에 인생에 큰 영향을 줍니다. 좋은 루틴 형성을 위해 부모가 의식적으로 환경을 조성해주는 것이 필요합니다.

실패를 두려워하지 않는 아이로 키우자

넷째, 실패를 경험하게 하세요. 끈기 없는 아이들은 대부분 실패에 대한 두려움이 커서 도전 의지가 없습니다. 게다가 부모들이 아이의 스트레스를 차단하려고 미리 울타리를 치는 경우가 많습니다.

예를 들어, 아이의 과제를 대신 해주거나 친구와의 갈등에 과도하게 개입하는 것은 바람직하지 않습니다. 법적 테두리 안에서라면, 아이가 친구와 말다툼을 하거나 학원 과제로 짜증을 내더라도 그대로 두세요. 그것은 아이가 스스로 해결해야 할 일이자 책임입니다.

일상의 작은 스트레스는 누구나 겪는 것입니다. 이를 견디지 못하는 아이가 나중에 어떻게 더 커다란 인생의 스트레스를 감당할 수 있겠습니까? 실수해서 혼나고 스스로 되돌아보는 과정을 통해 아이는 시련을 이겨내는 법, 즉 끈기를 배우게 됩니다. 부모는 이런 성장의 기회를 차단해서는 안 됩니다.

마지막으로, 부모의 말 습관을 바꾸세요. 끈기는 의지보다는 습관에 가깝고, 꾸준한 훈련을 통해 길러집니다. 이 과정에서 부모의 말 습관이 중요합니다.

제가 학습 코칭을 하며 관찰한 결과, 끈기 있는 자녀를 둔 부모들은 대부분 '성장형 사고방식'을 가지고 있었습니다. 예를 들어, 수학에 어려움을 겪는 자녀가 시험에서 실패했을 때, 고정적 사고를 가진 부모는 "엄마도 수학을 못했어. 다른 것 잘하면 돼"라고 말합니다. 반면 성장형 사고의 부모는 "엄마도 수학을 못했지만, 지금 생각해보면 제대로 노력해보지 않은 것이 너무 아쉬워. 우리 함께 공부 방법을 찾아볼까?"라고 접근합니다.

발표 수행평가에서 발표를 힘들어하는 아이가 있다고 해봅시다. 고정형 사고의 부모는 "네가 원래 내성적이라 그런 거야. 그냥 외워서 해야지, 어떡하니?"라고 하고, 성장형은 "떨리는 목소리도 발표의 한 부분이야. 스티브 잡스도, 유재석도 처음부터 잘한 게 아니었어. 연습하다 보면 점점 나아질 거야"라고 말할 것입니다.

이러한 말들이 자녀가 포기하지 않고 끈기를 갖게 하는 데 도움이 됩니다.

아이에게는 실패 기회도 필요하다

모든 아이는 훌륭한 끈기와 근성을 갖추고 태어납니다. 두 발로 서기까지 아이는 2,000번의 실패를 견뎌냅니다. 보통의 끈기로는 불가능한 일입니다. 지금 그런 아이가 바로 우리 곁에 있습니다. 우리 아이가 실패를 두려워하지 않는 단단한 마음을 갖도록, 오히려 실패를 통해 성공의 기쁨을 맛보게 해야 합니다. 인생에서 성공보다 실패를 경험할 확률이 훨씬 높고, 위대한 성공을 이룬 사람들 대부분이 수없이 실패를 겪었다는 사실을 잊지 마세요. 부모가 옆에서 든든한 후원자가 되어준다면, 아이는 실패를 두려워하지 않는 끈기 있는 사람으로 성장할 것입니다.

0교시 골든타임

우리 사회는 오랫동안 '타고난 재능'을 지나치게 중요시해왔습니다. 하지만 재능만으로는 진정한 성공이 보장되지 않습니다. 재능이 기술이 되고, 그 기술이 실제 성취로 이어지기 위해서는 반드시 노력이라는 요소가 필요하기 때문입니다. 성공의 방정식을 간단히 표현하면 다음과 같습니다.

재능 × 노력 = 기술

기술 × 노력 = 성취

자녀가 특정 분야에서 재능이 부족해 보일 때가 있습니다. 하지만 그것이 전부는 아닙니다. 포기하지 않는 끈기와 열정, 즉 '그릿'이야말로 진정한 성공의 핵심 요소입니다.

따라서 부모는 아이의 작은 노력 하나하나를 귀하게 여기고 응원해주어야 합니다. 재능은 고정된 것이 아니라 계발하고 발전시켜 나갈 수 있다는 점을 아이에게 알려주세요. 실패를 성장의 밑거름으로 삼는 도전 정신과 그 과정 자체를 즐길 줄 아는 여유로운 태도야말로 우리 아이에게 가장 필요한 자세입니다.

꾸준한 노력이야말로 성공으로 가는 가장 확실한 길이라는 점을 기억하기 바랍니다.

2. 아이에게서 성장의 기회를 빼앗지 말라

우리는 지금 인구 지형의 대격변기를 지나고 있습니다. 인류 역사상 유례없는 인구 지도의 재편이 진행되고 있습니다. 현재 세계 인구는 2023년 기준 약 80억 명이 넘었고, 인도가 14억 2,860만 명으로 중국의 14억 2,570만 명을 누르고 세계 1위 국가로 올라섰습니다. 인도는 한 해에 약 7,500만 명이나 늘어난 반면, 중국은 60년 만에 처음으로 인구가 줄었습니다. '인구 대국'의 상징이던 중국마저 이제 기존 인구 정책인 "한 자녀 갖기 정책"을 버리고 두 명 이상 낳기를 독려하고 있습니다.

이런 변화 속에서 대한민국의 현실은 더욱 충격적입니다. 인구는 5,180만 명(24년 7월 기준)을 기록하고 있으나, 세계 꼴찌 수준의 심각한 저출산율을 보이고 있습니다. 23년 4분기에는 사상

처음으로 합계출산율이 0.6명대로 떨어졌고, 연간 합계출산율은 0.7명대를 유지했지만, 2023년에 태어난 아기 수는 23만 명으로 8년 만에 반 토막이 났습니다.

여기서 저는 인구 절벽의 실상보다는 현재 자녀를 키우는 부모들의 양육 방식에 대해 말하고자 합니다. 아이를 적게 낳을수록 오히려 부모의 과도한 개입과 통제는 더 심해지고 있습니다. 이것이 바로 현재 우리의 모습입니다.

헬리콥터 맘과 몬스터 페어런츠의 등장

1990년 미국 교육계에서 처음 등장한 '헬리콥터 맘'이라는 용어를 들어보셨나요? 마치 헬리콥터처럼 자녀 주위를 빙빙 돌며 자녀의 전반적인 생활을 간섭하는 부모를 일컫는 용어입니다. 대한민국에서 이런 헬리콥터 부모가 생겨난 것은 한국 특유의 가족주의 때문입니다. 자녀의 학업 성취가 곧 가문의 영광이 되고, 가족 전체가 '신분 상승'을 한 것처럼 여기는 사회 분위기 속에서 아이를 통한 강한 성공 욕구를 갖게 된 것이죠.

일본에는 '몬스터 페어런츠'라는 용어가 있습니다. 아이가 학교에서 교사나 또래 친구 사이에 문제가 생겼을 때, 이성을 잃고 문제의 원인을 자기 자녀를 뺀 나머지, 즉 학교나 교사, 아이 또래에게 책임을 넘기며 상식 이하의 행동을 하는 부모를 말합니다. 학교를 자녀를 위한 서비스 기관으로 여기고, 학교에 다니는 아이와 부모를 소비자로 인식하기 때문에 나타나는 현상입니다.

이 모든 모습이 바로 우리의 자화상입니다. 저출산이 가속화되고 외동이 늘어나는 시대에 하나뿐인 내 아이가 소중한 것은 당연합니다. 하지만 자녀를 소중히 여기는 마음이 그들의 성장을 가로막는 교육을 정당화해서는 안 됩니다. 그것은 진정한 사랑도, 올바른 교육도 아닙니다. 자녀 사랑이란 명목 아래 이루어지는 교육은 오히려 아이의 건강한 성장을 방해합니다. 진정한 자녀 교육은 아이를 온전한 인격체로 성장시키는 데 초점을 맞추어야 합니다.

실패할 권리를 지켜주자

헬리콥터 맘들은 자녀가 마주할 수 있는 모든 어려움을 미리 차단합니다. 자녀가 다치거나 실망하지 않도록 온 힘을 다해 막아서는 거죠. 하지만 이는 아이의 성장 과정에서 반드시 필요로 하는 경험을 빼앗는 행위와 같습니다. 헬리콥터 양육을 받은 아이들은 지금은 문제가 드러나지 않을지 모르지만, 성인기에 이르러 급격한 자존감 저하와 심리적 미성숙 등의 부정적 영향이 나타납니다.

생각해보세요. 아이가 자라면서 그리고 성인이 되어 학교 선생님이나 또래, 상사에게 싫은 소리 한번 듣지 않을 수 있겠습니까? 현실적으로 불가능합니다. 오히려 작은 좌절과 실망은 성장 과정에서 반드시 겪어야 할 경험이며, 이는 건강한 인격 형성에 중요한 밑거름이 됩니다.

20년 교육 현장에서 목격한 바로는 한국형 과보호 양육은 독특한 이중성을 보입니다. 혼자 있을 때는 평범한 양육 태도를 보이다가도, 다른 학부모들과 만나면 과잉보호적 성향이 두드러지게 나타납니다. 이는 다른 부모들처럼 하지 않으면 '나쁜 부모'가 될 것 같은 불안감 때문입니다. 그 결과, 아이의 적성이나 흥미는 고려하지 않은 채 초등 의대반, 영재반, 예체능 학원 등을 무분별하게 시키는 경우가 많습니다.

많은 부모는 "내 아이를 위해서"라는 명분을 내세우지만, 아동기와 청소년기의 과도한 부모 개입은 자녀의 정신적 발달을 심각하게 저해할 수 있습니다. 성장기 아이들에게는 자율성을 키워주는 것이 매우 중요한데, 이것이 억압되면 당장은 눈에 띄지 않더라도 성인기에 심각한 정신적 문제로 이어질 수 있기 때문입니다.

예를 들어, 중학생 자녀의 수행평가 점수가 마음에 들지 않아 학교에 항의하거나, 심지어 대학생 자녀의 학점 때문에 교수를 찾아가 따지는 부모들이 있습니다. 이런 아이가 사회인이 되었을 때, 과연 부모가 회사 상사에게 전화해 '우리 아이를 잘 봐달라'고 할 수 있을까요? 이는 분명 현실적이지 않은 방식입니다.

지켜보는 용기: 부모의 새로운 역할

미국엔 헬리콥터 맘이, 일본엔 몬스터 페어런츠가, 중국엔 타이거 맘이 있다면, 한국에는 이들을 다 합친 'K맘'이 있습니다. 저는 한국에는 미국의 헬리콥터 맘과 일본의 몬스터 페어런츠를 합친 것보다 더한 부모가 많다고 생각합니다. 단순히 자녀의 행동에만 개입하는 게 아니라, 신념과 정신에까지 개입하려 들기 때문입니다. 부모의 종교를 강요하거나, 정치적 자유를 억압하고 부모의 정치 성향을 따르라고 강요합니다. 다 큰 자녀가 독립하려 해도 희박한 근거를 들어 반대하기도 하죠.

극심한 저출산과 1인 자녀 가정의 보편화로 자식에 대한 부모의 관심이 하나뿐인 아이에게 집중되는 건 이해할 만합니다. 하지만 부모의 사랑이 집착으로 변질되면, 자녀를 위한다는 명목하에 잘못된 방식으로 교육하게 됩니다. 이렇게 헬리콥터 부모에게서 자란 아이들은 독립심을 키우지 못해, 직장에 들어가서도 금세 그만두고 결혼 생활도 제대로 하지 못하는 등 사회 부적응자가 되는 경우가 많습니다.

또 부모가 특정 진로를 강요하는 것도 문제입니다. 특히 '의치한약수'와 같이 경쟁률이 높은 학과를 고집합니다. 하지만 모두가 의사가 되면 과연 세상이 제대로 돌아갈 수 있을까요?

모든 아이는 자신만의 특별한 재능을 품고 태어납니다. 그게 공부일 수도, 운동일 수도, 대화일 수도, 기계 다루는 것일 수도 있죠. 자녀의 소질과 수준을 파악하고 건강한 사회성을 키워주는 것이 부모의 진정한 역할입니다. 그래야 아이가 행복하게 살 수 있습니다.

이 시대 부모에게 진정 필요한 것은 무엇일까요? 부모라 할지라도 아이가 건강하게 성장할 기회와 권리를 빼앗아서는 안 됩니다. 우리 아이가 충분히 아파하고 때로는 눈물 흘리며 세상을 배워갈 수 있도록 지켜봐 주는 것, 그것이 진정 부모가 해야 할 최고의 역할 아닐까요?

0교시 골든타임

대한민국에는 대치동을 중심으로 만들어진 '엄마 매니저' 또는 '돼지엄마'라는 용어가 있습니다. 엄마 매니저는 승용차로 자녀를 학원에 라이딩해주고 유명한 강사를 찾아내어 등록하고 일정을 관리하는 엄마를 말합니다.

하지만 여기에는 심각한 문제가 있습니다. 엄마들은 '엄마 매니저'에서 '돼지엄마'로 진화했지만, 정작 아이들의 자립능력은 성장하지 못했다는 점입니다. 마치 황금 새장 속에서 먹이만 받아먹는 새처럼, 아이들은 스스로 문제를 해결하는 능력을 키우지 못한 채 성장하고 있습니다.

화려한 스펙과 겉으로 보이는 성공 이면에는, 자기 주도적 삶의 능력을 잃어버린 아이들의 모습이 숨어 있습니다. 아이가 타인의 계획에 따라 수동적으로 살아가는 것이 아닌지 진지하게 돌아봐야 합니다. 아무리 빛나는 성공이라 해도, 그것이 아이 스스로의 노력으로 이루어낸 것이 아니라면 진정한 의미의 성장이라 할 수 없습니다.

자녀교육의 핵심은 아이를 신뢰하고 인내심을 가지고 지켜보는 것입니다. 때로는 실수하고 넘어지더라도, 스스로의 힘으로 문제를 해결해 나가는 경험이 반드시 필요합니다. 부모는 단지 안내자일 뿐, 삶의 주인공은 아이 자신이어야 하기 때문입니다. 우리는 아이가 자신의 삶을 당당하게 개척해 나갈 수 있도록 든든한 지원자가 되어주어야 합니다.

3. 부모의 가스라이팅

부모의 사랑이 독이 되는 순간

그 누구도 아닌 자기 걸음을 걸어라.
너는 독특하다는 것을 믿어라.
누구나 몰려가는 줄에 설 필요는 없다.
자신만의 걸음으로 자기 길을 가거라.
바보 같은 사람들이 무어라 비웃든 간에.

1989년 명작 영화 〈죽은 시인의 사회〉에서 학생들의 영혼을 깨우는 존 키팅 선생님의 대사입니다.

영화에서 '닐'이라는 학생은 의사가 되어야 한다는 아버지의 압박에 부모의 지시를 따르는 것이 의무라고 생각하는 착한 아들입니다. 하지만 연극을 통해 진정으로 자신이 하고 싶은 것을 찾고 나서 그 희열감을 아버지에게 표현하지만, 아버지의 대답은 "의대를 졸업하면 그때 가서, 네 맘대로 해라, 하지만 그때까진 내가 시키는 대로 해. 네 엄마가 얼마나 큰 기대를 하는지 알지?"라며 닐의 꿈을 묵살합니다. 결국 닐은 죽음을 통해 자유로워지기를 선택하고 영화는 끝납니다.

부모는 자녀가 잘되기를 바라는 심정으로 그렇게 말했겠지만, 닐 입장에서는 자신이 원하는 것, 다시 말해서 자신이 연극배우가 되는 것은 곧 부모를 슬프게 하는 것이라는 생각이 있었을 것입니다. 닐은 부모를 거스를 수 없기에 안타까운 선택을 한 것이 아닐까요?

일상 속 숨은 가스라이팅

일상에서 부모와 자녀 사이에 가볍게 나누는 대화 속에서 부모 자신도 모르게 자녀를 조종하고 있는 이른바 '가스라이팅'이 있다는 사실을 알고 계셨나요?

가스라이팅이라는 용어는 1938년 영화 《가스등 Gaslight》에서 유래된 말입니다. 이 작품은 가스 조명을 이용한 조작을 통해 주인공인 여성을 혼란스럽게 한다는 내용인데요, 이 여성은 남편에게서 거짓 정보를 받고, 남편의 조작에 의해 가스 조명의 밝기가 변하는 것을 경험하면서 자신의 기억력과 판단력을 의심하게 되고 정신적으로 혼란스러워집니다. 남편은 그녀의 혼란을 이용해 자신의 이익을 채웁니다. 영화와 연극으로도 만들어져 지금 우리가 알고 있는 '가스라이팅' 개념을 대중에게 알리게 됩니다. 이후 심리학과 상담 분야에서 심리적 조작과 혼란을 설명할 때 '가스라이팅'을 흔하게 사용하게 되었죠. 가스라이팅은 상대의 자아를 서서히 무너뜨리는 교묘한 심리 조종입니다. 자녀 교육의 관점에서 보면, 부모의 같은 말이라도 자녀가 긍정적으로 받아들일 때는 '훈육'이나 '교육'이 되지만, 부정적으로 받아들일 때는 '조종'이나 '통제', 즉 가스라이팅이 됩니다.

그렇다고 부모가 자녀에게 아무 말도 하지 말라는 뜻은 아닙니다. 다만 오늘날의 아이들은 부모의 강압적 훈육이나 일방적 지시를 그대로 받아들이지 않으며, 설령 받아들인다 해도 성인이 되어 자신이 경험한 가스라이팅을 다시 자녀에게 되풀이한다는 점이 더 큰 문제입니다.

가스라이팅은 남을 위하는 것처럼 보이지만, 사실은 "자신의 필요를 위해 타인의 심리를 교묘히 조종하는 행위"입니다. 그리고 그 과정에서 사람들의 독립적인 판단을 무너뜨려 자신에게 의지하도록 하는 과정이 포함되는데요, 이렇게 의지하게 만들면 상대방은 가스라이터가 하라는 대로 의심 없이 실행합니다.

아이들은 절대적으로 부모의 보호 아래 있고, 부모를 절대적으로 의존할 수밖에 없는 존재입니다. 따라서 부모는 자녀가 자신의 말을 수용하는 것을 당연하게 여기지 말고, 항상 객관적인 시각으로 상황을 바라보아야 합니다. 이는 건강한 부모-자녀 관계를 위해 매우 중요한 태도입니다.

부모도 몰랐다!
3가지 가스라이팅 유형

그럼, 지금부터 부모도 잘 인식하지 못하는 상태에서 자녀에게 하게 되는 가스라이팅에 대해 살펴볼까요?

첫 번째는 자녀에 대한 병적 의존성입니다. 이는 부모들이 자녀에게 심리적으로 의존하는 행동을 말하는 것인데, 실제로 많은 부모가 자녀에게 이런 심리적 의존을 많이 하고 있습니다. 부모의 정서가 자녀의 일거수일투족에 좌우되어 심리 상태가 좋아졌다 나빠집니다. 예를 들어, 자녀가 부모의 말을 잘 따르고 긍정적인 반응을 해주면 행복했다가 자녀가 부정적 행동을 보이면 자신을 거부했다는 생각으로 심리적으로 매우 고통을 느낍니다.

두 번째는 대리만족을 추구하는 보상 심리입니다. 부모들은 늘 "엄마 아빠가 못 이룬 꿈을 네가 이루길 바란다"라고 얘기합니다. 형편이 넉넉하지 않아도 자녀가 뭘 한다고 하면 빚을 내서라도 해주려는 게 부모 마음인데요, 여기서 "내가 이렇게 모든 걸 다 해줬는데, 그걸 못 해줘"라는 생각이 문제입니다.

이런 부모를 '목적 지향형 양육자'라고 하는데, 자녀를 통해 사회적 만족을 얻으려는 이런 양육 스타일이 요즘 부모들 사이에서 일반화되어 있습니다. 이런 부모는 매우 주도적인 성향을 보이며, 그 결과 자녀는 어린 시절부터 지속적인 가스라이팅에 노출됩니다.

세 번째는, 부부 사이의 갈등이 자녀에게 투사되는 것입니다. 사실 부부싸움 후에 "애들 때문에 산다"는 말은 자녀에게 하는 최악의 가스라이팅입니다.

부부 간 갈등으로 인해 한쪽 부모를 비난하는 모습을 보면, 자녀는 죄책감과 동시에 다른 한쪽에 대한 증오와 분노를 갖게 됩니다. 이런 트라우마는 성인이 되어서도 친밀한 관계 형성에 문제를 일으킵니다. 자녀는 독립적인 가족 구성원이지, 부모를 무작정 따르는 객체가 아닙니다. 부부 갈등은 피할 수 없더라도, 그 문제를 자녀 앞에서 드러내는 것은 자녀에게 심리적 혼란을 줍니다.

부부 관계가 좋아야 자녀가 좋은 인생을 살 수 있습니다. 부부 갈등을 자녀에게 투사하거나 위로받으려 하면 아이는 매우 힘들어집니다. 따라서 "너 때문에 참고 산다"는 말은 자녀를 벼랑 끝으로 미는 말입니다. 부부 간 갈등이 있더라도 자녀 앞에서는 서로 예의를 지키고 뒷담화를 하지 않는 것이 중요합니다.

부모가 된다는 것은 인생에서 아주 큰 의미가 있습니다. 이전과는 다른 인생을 살기 때문이죠. 재미도 있고 때로는 슬픔도 있고, 자녀 없는 분들은 모르는 다양한 경험과 감정을 마주합니다.

하지만 부모가 자녀에게 무심코 하는 가스라이팅은 자녀에게 심한 트라우마로 남는다는 사실을 꼭 기억하셨으면 합니다.

내 아이가 아닌 한 사람으로: 새로운 시선의 시작

아이가 어릴 적에 한 번씩 했던 그 말, "너는 엄마가 좋아, 아빠가 좋아?"라는 질문이 어쩌면 부모가 첫 번째로 시작하는 가스라이팅일지도 모릅니다.

지금부터라도 이렇게 표현해보세요. "엄마는 우리 지연이를 너무너무 사랑하고, 아빠도 지연이를 너무너무 사랑하는 거 알지?" 이런 말을 먼저 하고 아이의 얼굴을 한번 보시면, 사랑을 듬뿍 받아 행복한 미소를 보이는 자녀가 보입니다. 그리고 아이는 이렇게 말할 거예요. "나도 엄마랑 아빠랑 둘 다 너무너무 사랑해!"

건강한 부모-자녀 관계를 위해서는 부모 스스로가 먼저 자녀를 하나의 인격체로 존중하고, 자녀의 감정과 생각을 경청하려는 자세가 필요합니다. 또한, 부부간 갈등을 자녀에게 전가하지 않도록 주의해야 합니다. 자녀는 부모의 소유물이 아닌, 독립적인 존재라는 인식 전환이 무엇보다 중요합니다.

영화 속의 닐처럼 부모의 기대와 자신의 꿈 사이에서 갈등하는 아이들이 없기를 바랍니다. 그들이 자신만의 걸음으로 당당히 인생을 개척해 나갈 수 있도록, 우리 부모가 든든한 울타리가 되어주었으면 합니다.

0교시 골든타임

“자녀의 생각을 존중하고 그들의 선택을 신뢰해주세요.”
진정한 교육은 아이를 독립된 한 사람으로 인정하는 것에서 시작됩니다. 부모의 기대나 욕심을 투영하기보다는, 아이 자체에 주목할 때 비로소 아이와 소통할 수 있어요. 그러기 위해선 먼저 아이의 생각에 귀 기울이는 연습이 필요합니다.
때론 아이의 판단이 서툴러 보일 수 있습니다. 하지만 경청하려 노력해보세요. “그랬구나, 네 마음이 그랬던 거구나”라고 공감해주는 것만으로도 아이는 존중받는다는 느낌을 받습니다.
아이의 감정과 선택을 일축하는 말, “너 내가 이럴 줄 알았어”, “네가 하는 짓이 그렇지” 같은 말은 자제해주세요. 이런 말들이 쌓이면, 아이는 자기 자신도 믿지 못하게 됩니다.
때로는 부모 입장에서 강요하고 싶은 순간도 있을 거예요. 하지만 잠시 멈추어 아이와 대화 나누는 시간을 가져보세요. 그 과정에서 아이가 진정 원하고 좋아하는 것이 무엇인지 발견할 수 있습니다. 아이의 날개를 펼쳐주는 일, 그것이 진정한 부모의 역할입니다.

4. 무심코 하는 부모의 말이 독이 되는 이유

아이가 말을 듣지 않거나 떼를 쓸 때 부모의 입에서 순간적으로 나오는 말들이 있습니다. 순간의 감정이라고 변명하기에는 그 여파가 너무나 큽니다. 아이들은 일상에서 부모가 내뱉은 말들을 평생 잊지 못한다는 사실, 알고 계셨나요?

부모는 자녀의 자존감 형성에 결정적인 영향을 미치는 존재입니다. 자녀의 자존감은 부모의 한마디 한마디가 쌓아 올립니다. 부모가 무심코 던진 한마디가 아이의 인생 전반에 지대한 영향을 끼칠 수 있습니다.

화가 난 부모의 말을 들었을 때 아이의 심정은 어떨지, 우리는 아이의 입장에서 생각해볼 필요가 있습니다.

부모의 말과 행동이
자녀의 자존감을 좌우한다

우리 삶에 가장 필요한 것 중에 하나가 '공감'입니다. 공감은 기쁨은 두 배로, 슬픔은 절반으로 만드는 마법 같은 힘입니다. 만약 자녀가 성장 과정에서 부모로부터 충분한 공감을 경험하지 못한다면, 그의 삶은 성장이 아닌, 생존만을 위한 싸움이 될 수 있습니다. 공감 능력은 일차적으로 양육자인 부모로부터 배우게 되며, 이는 '부모의 올바른 말과 행동'을 통해 형성됩니다.

부모도 사람인지라 아이를 훈육하는 과정에서 감정 제어에 어려움을 겪습니다. '미운 네 살'이라는 말이 괜히 생긴 게 아닙니다. 요즘 아이들은 세 살만 되어도 자신의 선호를 분명히 표현하고 고집을 부리기 시작합니다. 직장과 육아로 인해 피곤이 누적된 상태에서 아이와 의견 충돌이 잦아지고 사소한 일로 입씨름을 벌이다 보면 지치게 마련입니다. 그러다 보면 부모도 모르게 자녀에게 상처가 되는 말을 내뱉게 되지요.

어떤 부모들은 말합니다. "진지하게 훈육해도 아이가 킥킥거리며 웃어요. 그걸 보면 더 화가 나더라고요." 지금 부모가 얼마나 심각하게 화가 났는지 아이는 모르는 걸까요? 왜 혼나는 상황에서 웃음을 짓는 걸까요? 사실 아이들은 주어진 환경이나 심리적 긴장감이 고조될 때 산만해지고 실실 웃으며 엉뚱한 대답을 하곤 합니다. 부모의 분노가 무서워 방어적으로 웃음을 짓는 것이죠. 웃음으로 자신을 보호하려는 것입니다.

이런 행동은 아이가 긴장 상황에서 겪는 불안을 표현하는 방식일 수 있습니다. 또한, 이는 부모와의 갈등을 피하려는 무의식적인 반응이기도 합니다. 따라서 부모는 이러한 아이의 행동을 오해하지 말고, 아이가 느끼는 두려움이나 불안을 이해하려는 노력이 필요합니다.

아이에게 독이 되는 부모의 말 7가지

그럼 어떤 말이 아이에게 특히 아픔을 줄까요? 독이 되는 부모의 말 습관 7가지를 구체적으로 살펴보겠습니다.

첫째, 자녀의 신체를 비하하는 언어입니다. "너는 누구를 닮았어?", "너무 작아 보여", "어쩜 그렇게 뚱뚱해졌니?", "옷 입는 센스가 영 별로구나." 외모와 관련해 자녀를 비하하는 말들은 신체에 대한 불안감을 키워 외모 콤플렉스를 심습니다. 이는 섭식장애, 폭식증과 같은 심각한 정서장애로 이어질 수 있습니다. SNS와 유튜브를 접하며 자란 요즘 아이들이 생각하는 미의 기준은 상당히 높아졌습니다. 그러니 장난처럼 하더라도 외모 비하 발언은 삼가야 합니다. 게다가 자녀의 외모는 부모를 닮았을 텐데, 누워서 침 뱉기나 다름없습니다.

둘째, 자녀의 행동을 부정적으로 평가하는 언어입니다. "전에는 안 하던 짓을 왜 해?", "왜 그렇게 뛰어다녀?", "발 떨지 좀 마!", "왜 그렇게 시끄럽게 굴어?" 등의 말들 말이죠. 아이들은 부모가 자신의 행동을 문제 삼는 것 같으면, 스스로 큰 결함이 있다고 생각하게 됩니다. 이로 인해 성인이 되어도 있는 그대로의 모습을 드러내는 것을 두려워하고, 타인 앞에서 수많은 가면을 쓰며 살아가는 고통을 겪습니다. 때론 가면이 필요한 순간도 있지만, 부정적 평가를 받고 자란 아이는 자신의 행동으로 인해 타인이 불편해하거나 나쁘게 볼까 봐 늘 불안과 공포에 시달립니다.

셋째, 아이의 존재 가치를 무너뜨리는 언어입니다. "너는 도대체 잘하는 게 뭐니?", "도대체 무슨 생각으로 사니?", "네가 내 자식이라는 게 창피하다"와 같은 말들 말입니다. 이런 말을 들은 아이는 자신을 마치 세상에 존재해서는 안 될 사람으로 여기게 됩니다. 가족 구성원이 될 자격이 없으며 집안에서 가장 쓸모없는 존재라고 느끼는 거죠.

이로써 자신이 어떤 사람인지에 대한 정체성에 혼란이 오고, 어떤 가치를 지니고 어떤 미래를 살아가야 할지에 대한 방향감을 상실합니다. 이런 부정적 언사 대신 부모는 자녀의 존재 자체를 인정하고 사랑한다는 것을 표현해야 합니다. 가족으로부터 충분한 사랑을 받고 있음을 아이가 느낄 수 있도록 하는 것이죠.

넷째, 부모에게 짐이 된다는 죄책감을 심어주는 언어입니다. "너한테 들어가는 돈이 얼만데, 이것밖에 못 해?", "너처럼 말

안 듣는 애는 세상에 없을 거야", "엄마도 오늘 너무 피곤한데, 좀 힘들게 하지 마"와 같은 말들입니다. 이런 표현들이 일상에서 빈번하게 쓰인다는 사실이 놀랍습니다.

그러나 아이 입장에서 보면 이런 말들은 자신이 부모에게 짐이자 골칫거리라는 인상을 심어줍니다. 그 결과 아이는 어려운 상황이 닥쳐도 부모에게 도움을 청하지 않게 됩니다. 혼날까 봐 두려워 숨기거나, 심하면 부모가 자신을 버릴지도 모른다는 불안감에 모든 문제를 혼자 해결하려고 애쓰다가 문제를 키웁니다. 부모는 일상의 스트레스를 아이에게 투사하기보다는 아이 눈높이에서 공감하고 이해하려는 노력을 해야 합니다.

다섯째, 무차별적 비교로 상처 주는 언어입니다. "다른 친구들은 다 아는 걸 너는 왜 몰라?", "똑같은 학원을 다니는 데 왜 너만 틀렸어?", "형, 누나 좀 봐, 얼마나 잘하니?" 이러한 비교의 말은 아이뿐만 아니라 어른들도 매우 싫어합니다. 비교는 자녀의 자존감을 크게 떨어뜨리며, 아이는 "내가 아무리 노력하고 최선을 다해도 나는 안 될 거야. 그리고 엄마, 아빠 말처럼 나는 머리가 나빠"라는 비관적인 생각을 갖게 됩니다. 자녀 간의 부정적인 비교는 자녀들끼리의 관계에도 매우 좋지 않은 영향을 미칩니다. 아이들은 부모의 사랑과 관심을 더 받기 위해 서로를 질투하고 미워하게 될 수 있기 때문입니다.

여섯째, 뿌리 깊이 불신하는 언어입니다. "입 닥쳐", "네가 할 수 있는 게 도대체 뭔데?", "네가 웬일로 공부를 다 하니?", "또

하다가 중간에 그만두려고?" 몇 번의 경험으로 부모는 아이에게 이런 불신의 언어를 쏟아내기 쉽습니다. 하지만 이런 말들은 아이의 자존감과 회복탄력성을 저하하는 동력이 됩니다. 부모는 자녀가 스스로 자신을 믿을 수 있도록 늘 격려하는 말과 믿음의 언어를 사용해야 합니다.

일곱 번째, 헛된 약속으로 신뢰를 깨는 언어입니다. "네가 이걸 하면 엄마가 너 해달라는 거 다 해줄게", "엄마가 지금은 회사 일이 바쁘니까 다음 주에는 꼭 놀이동산 갈게", "엄마 못 믿어? 해준다니까." 부모들은 종종 이런 말을 합니다. 바쁘면서도 매주 아이와의 놀이공원 약속을 잡고 지키지 못하는 경우가 많습니다. 자녀교육에서 가장 중요한 것은 '부모와 자녀 사이의 신뢰'입니다. 부모가 규칙을 정하거나 약속을 미리 정한 후 이를 지키지 않으면 서로 간의 신뢰가 무너지기 시작합니다.

아이는 이러한 경험을 통해 약속과 신뢰가 그다지 중요하지 않다는 잘못된 교훈을 배우게 됩니다. 부모는 반드시 약속한 것을 지켜야 하며, 지키지 못할 약속은 처음부터 하지 않는 것이 좋습니다.

10대는 자아정체성과 자아존중감이 형성되는 중요한 시기입니다. 이때 가장 큰 영향을 미치는 것이 부모와 주변인들의 '말'입니다. 아이들은 아직 상황을 종합적으로 판단하는 능력이 부족하기에, 들은 말을 그대로 받아들이는 경향이 있습니다. 부모와 주위 사람들의 말이 바로 아이의 자존감 형성의 토대가 되는 것입니다. 그러니 부모로서 말의 무게를 다시 한번 생각해볼 때입니다.

자녀의 행동이 마음에 들지 않아 순간적으로 화가 날 수 있습니다. 날카로운 말이 목까지 차오를 때도 있고, 원하는 대로 되지 않아 아이가 미울 때도 있을 것입니다. 하지만 그럴 때일수록 먼저 한 걸음 다가가 아이의 눈을 바라보며 이야기를 나누세요. 그 작은 노력만으로도 자녀는 부모의 진심을 느낄 수 있습니다.

0교시 골든타임

"우리 아이의 자존감을 제대로 세워주는 일은 부모의 말 한마디에서 시작됩니다."

그냥 하는 '말'인데 그게 진짜 아이에게 독이 된다구요?

네. 됩니다. 자녀는 부모를 선택할 수 없기에 부모가 좋은 말을 하든 나쁜 말을 하든 다 들을 수밖에 없습니다. 삶의 가장 든든한 버팀목은 자존감인데 아이의 자존감은 부모의 세 치 혀에서 출발합니다.

내 자녀가 부모 말대로 '그것도 못 하는 아이', '쉽게 포기하는 아이'. '잘하는 게 없는 아이'가 되기를 바라지 않는다면 당장 그 말을 멈추셔야 합니다.

5. 가족 행복을 만드는 3가지 마인드셋

당연한 사랑은 없다

러시아의 문호 톨스토이는 그의 대표작《안나 카레니나》를 이런 말로 시작합니다. "행복한 가정은 모두 서로 닮았지만, 불행한 가정은 모두 제각각의 불행을 안고 있다." 이 한 문장에 담긴 통찰은 가족이라는 주제에 대해 많은 것을 시사합니다.

우리가 흔히 떠올리는 행복한 가정에는 몇 가지 공통적인 특징이 있습니다. 가족 구성원들이 서로 사랑하고 존중하며, 열린 마음으로 소통하며 서로를 이해한다는 것입니다. 또한, 어떤 갈등이 생기더라도 그것을 슬기롭게 해결해나가는 능력이 탁월하죠. 이런 건강한 가정 분위기 속에서 자라난 자녀들은 대개 안정감과 건전한 자존감을 갖고 살아갑니다.

반면, 불행한 가정은 각자의 아픔과 그늘 속에서 다양한 문제에 직면합니다. 경제적인 어려움, 소통의 부재, 정서적 불안정, 심각한 경우 가정 폭력까지, 그 모습은 실로 다종다양합니다.

여기서는 가족이 서로에게 남기는 상처를 최소화하고, 가족과 더불어 행복을 만들어가는 방법에 대해 함께 고민해보고자 합니다.

가족이라서 더 아픈 상처

가족 구성원들이 의도치 않게 서로를 상처 입히는 일은 반복됩니다. "가족이니까 이 정도는 이해해줄 거야" 하는 안일한 생각으로 무심코 던진 말 한마디가 지울 수 없는 상처를 남깁니다.

모든 인간관계의 기본이 가족 내에서 형성된다는 사실을 알고 계시는지요? 아이의 정서와 행동 패턴의 뿌리가 되는 것이 다름 아닌 가족입니다. 부모의 자존감이 낮거나 대인관계가 원만치 못하다면, 자녀 또한 무의식중에 그런 태도를 모방하게 됩니다.

물론 자녀의 성장 과정도 부모에게 적지 않은 영향을 미칩니다. 자녀를 양육하며 새로운 깨달음을 얻고, 함께 성숙해가는 것이죠. 형제자매 사이에서도 크고 작은 갈등과 화해를 거듭하며 끈끈한 유대감을 다져가기도 합니다. 이렇게 가족 간에 형성된 강한 연대 의식은 살아가면서 맞닥뜨리는 난관을 헤쳐 나가는 원동력이 되기도 합니다.

하지만 안타깝게도 모든 가족이 사랑과 믿음으로 단단히 뭉쳐 있지는 않습니다. 가족 간 불화와 갈등이 때로는 돌이킬 수 없는 상처로 이어지기도 합니다. 자신의 모든 것을 바쳐 가족을 위해 헌신했음에도, 돌아오는 것은 평생 마음의 짐으로 남을 안타까운 상황이 되기도 하죠. 이런 깊은 마음의 상처는 때로 심각한 정신적 장애로까지 이어지기도 합니다.

특히 한국 사회에 만연한 '비교문화'는 자녀들의 자존감에 치명적인 타격을 줍니다. 여러 자녀를 두고 있는 가정에서 부모가 자녀를 차별하는 모습은 상대적인 소외감을 느끼는 자녀의 마음에 깊은 흔적을 남깁니다. 부모라는 이름으로 자녀의 삶 구석구석을 간섭하고 통제하려 드는 일도 바람직하지 않습니다. 자녀가 성장 과정에서 부모의 그릇된 가치관과 편견을 그대로 이어받게 되는 것도 경계해야 합니다.

우리는 종종 불우한 가정환경을 딛고 일어서 성공을 이룬 사람들의 감동적인 스토리에 심취하곤 합니다. 하지만 그들의 가슴에 새겨진 지울 수 없는 상처를 과연 돈으로 보상할 수 있을까요? 막상 그들이 진정 원하는 것은 지극히 평범한 일상에서 느끼는 소소한 행복들일지도 모릅니다. 사랑하는 가족과 함께 마음 편히 살아가는 소박한 일상, 어쩌면 그것이야말로 우리 모두가 간절히 소망하는 행복의 참모습이 아닐까요?

관계 회복의 3가지 골든룰

그렇다면 우리는 어떤 노력을 통해 가족에게 받은 상처를 치유하고, 서로 존중하며 화목하게 지낼 수 있을까요?

첫째, 가족 간의 사랑과 보살핌은 결코 당연한 것이 아님을 인식해야 합니다. 부모가 무조건적인 사랑을 베푼다 하더라도, 그들 역시 자녀들의 배려와 관심이 필요한 한 사람이라는 점을 기억해야 합니다. 따라서 가족 구성원 모두가 서로에 대한 감사함을 자주 표현하고, 받은 사랑을 되돌려주려 노력하는 자세가 중요합니다.

둘째, 가족 관계에도 기본적인 예의와 존중이 필요합니다. '가족이니까 괜찮아'라는 안일한 태도로 무례한 행동을 정당화해서는 안 됩니다. 이러한 태도는 결국 가족 간의 신뢰와 유대를 약화시키는 원인이 됩니다. 상황이 여의치 않더라도 서로의 마음을 읽으려는 따뜻한 시선을, 먼저 헤아리는 배려심을 잃지 말아야 합니다.

셋째, 가족 갈등 해결에는 모든 구성원의 적극적인 참여가 필요합니다. 아무리 화목한 가정이라도 크고 작은 갈등은 피할 수 없습니다. 중요한 것은 문제 해결을 위해 가족 모두가 협력하는 자세입니다. 누군가는 중재자 역할을 자처하여 서로의 입장 차이를 경청하고 공감하려 노력해야 합니다. 이는 갈등이 심화되는 것을 막는 데 큰 도움이 됩니다.

대화가 시작되는 순간,
치유도 시작된다

우리는 누구나 행복을 염원하며 살아갑니다. 그 행복의 출발점이자 근간에는 언제나 가족이 자리하고 있습니다. 하지만 안타깝게도 모든 가족이 우리에게 행복만을 선사하지는 않습니다. 때로는 가족이야말로 가장 깊고 아픈 상처를 남기는 존재가 되기도 합니다.

누구에게나 가족에 얽힌 아름답고도 슬픈 사연 하나쯤은 있습니다. 중요한 것은 그 상처를 끌어안고 온전히 직면하려는 당신의 용기 있는 선택입니다. 우리가 선택할 수 있는 것은 가족을 대하는 나만의 태도입니다.

때론 가족이기에 더 큰 용서와 포용이 필요한 순간도 있습니다. 이제 다시 가족 구성원들과 마주 앉아, 솔직한 심정을 터놓고 대화를 시작해보는 건 어떨까요?

0교시 골든타임

행복한 가정은 하루아침에 만들어지지 않습니다. 구성원 모두의 끊임없는 노력과 배려가 있어야 비로소 이뤄지는 값진 선물이에요. 가족 화합을 위해 내가 무엇을 해야 할지, 지금 이 순간에도 고민하고 실천하는 자세가 필요합니다.

당신에게 가족이 소중한 존재라면, 먼저 그들에게 귀 기울여 보세요. 배우자와 진솔한 대화를 나누고, 아이들의 고민에 집중해주세요. 함께 웃고 떠들며 일상을 공유하는 시간을 가져보는 것은 어떨까요? 작은 실천들이 모여 우리 가정을 든든하게 지탱한답니다.

저절로, 그냥 행복해질 거라는 환상은 버려야 합니다. 오늘도 우리 곁의 소중한 사람들에게 따뜻한 말 한마디, 포근한 포옹 한번 건네보세요. 그 작은 순간들이 모여 진정한 '가족의 행복'을 만들어갈 것입니다.

6. 자녀를 망치는 '나르시시스트' 부모

'나르시시스트'라는 단어, 익숙하시죠? 나르시시스트는 자기애성 성격 특성이 있는 사람을 말합니다. 이들은 스스로 뛰어나다고 믿고, 자기중심적인 성격을 보입니다. 다른 사람보다 자신이 우월하고, 특별하다고 생각합니다.

사실 자신을 사랑하는 마음은 누구에게나 필요합니다. 건강한 자기애는 성장의 원동력이 되기 때문입니다. 나르시시즘은 일상에서도 흔히 발견되는 현상입니다.

하지만 문제는 그것이 지나치거나 병적일 때 발생합니다. 타인에 대한 공감이 부족해지고, 자신은 물론 타인의 삶까지 망가뜨리게 되죠. 이 글에서는 '나르시시스트 부모의 특징'에 대해 알아보겠습니다.

방임과 통제, 양극단의 '나르' 부모

정신과 전문의들은 '나르시시스트'와 '자기애성 성격장애'를 구분합니다. 자기애성 성격장애는 나르시시즘의 극단적인 형태로, 과도한 자기애, 자기중심적 태도, 타인에 대한 공감 부족 등의 특징을 보입니다. 자신을 지나치게 중요하게 여기고, 이상적인 상상에 집착하며, 타인의 비난에 민감하게 반응합니다.

이런 자기애성 성격장애는 유전적, 생물학적, 양육적 요인이 복합적으로 작용해 발생합니다. 나르시시즘도 비슷한 특징을 보이지만 그 정도가 약합니다. 주목할 점은 이런 성향의 부모가 자녀에게 매우 부정적인 영향을 미친다는 것입니다. 편의상 이들을 '나르 부모'라고 칭하겠습니다.

'나르 부모'는 크게 '방임형'과 '통제형'으로 구분됩니다. 방임형은 자녀를 방치하고, 때로는 기본적인 의식주조차 제공하지 않습니다. 자녀의 심리적 고통이나 상처는 안중에도 없고, 함부로 말하며 자녀를 좌절시킵니다. 이런 부모들도 겉으로는 자녀를 잘 대하는 척합니다. 타인의 시선을 의식하기 때문이죠. 하지만 이들에게 자녀란 그저 관심 밖의 존재, 잘 사용하지 않는 통장 같은 존재일 뿐입니다.

반면 통제형은 자녀를 지나치게 통제하고 감시합니다. 자녀의 삶을 자신의 뜻대로 조종하죠. 부모의 목적을 위해 자녀의 독립성을 억압하고 이용합니다. 특히 경제력이 뒷받침되는 '통제형 나르 부모'는 자녀에게 공격적으로 '투자'합니다. 하지만 그 투자는 자녀가 아닌, 오로지 자신의 미래를 위한 것입니다.

자녀를 투자상품으로 보는 부모

'통제형 나르 부모'는 자녀에 대한 투자에 집착합니다. 좋은 학원, 좋은 옷, 자녀가 원하는 것을 모두 들어주는 것처럼 보이지만, 그 근간에는 보상심리가 깔려 있습니다. 자녀의 성취를 자신의 투자 덕분이라 여기고, 심지어 자녀의 타고난 능력마저 자신의 유전자 덕분이라 생각하죠.

문제는 그 투자 대비 결과가 만족스럽지 않을 때 발생합니다. 이들은 자녀에게 분노를 쏟아내고, 심한 모욕과 비난을 일삼습니다. 성적이 조금 떨어졌다고 자녀를 인생의 패배자 취급하고, 멍청하다며 모멸감을 줍니다.

제가 아는 은행에 다니는 부부는 나르시시스트 성향이 강했습니다. 이들은 자녀를 '변동성이 심한 금융 상품'처럼 여겼습니다. 다만 일반 투자상품과 달리 '해지가 불가능한 상품'이라는 점에서 더욱 집착적인 태도를 보였습니다.

이런 나르 부모들도 겉으로는 일반적인 부모처럼 보이지만, 자녀 양육을 투자의 관점에서 봅니다. 최근에는 이러한 나르시시스트 성향의 부모가 증가하고 있습니다.

더 우려되는 점은, 투자 대비 원하는 결과가 나오지 않으면 자녀를 심하게 질책한다는 것입니다. 제가 아는 한 고3 엄마는 모의고사를 망친 자녀에게 감당하기 힘든 말을 했습니다. 마치 투자에 실패한 것을 원망하듯 자녀에게 화풀이하는 것입니다.

불행한 과거가 '나르' 부모를 만든다?

'나르 부모'가 되는 배경에는, 대부분 자신이 겪은 불행한 어린 시절과 부모에게서 받은 깊은 상처가 있습니다. 제가 아는 한 분은 형제 중 유일하게 대학을 가지 못했다는 이유로 냉대를 받았습니다. 성인이 되어서도 그 트라우마로 인해 늦깎이 공부를 하며 애를 썼습니다. 그러나 안타깝게도 자녀를 대하는 태도는 자신의 부모와 다를 바 없었습니다. 과거의 아픔이 또 다른 나르 부모를 만든 셈이죠. 하지만 그것이 자녀를 향한 나쁜 행동을 정당화해주진 않습니다. 어떤 이들은 불행한 과거에도 불구하고, 자녀와 타인에게 더 큰 사랑을 베풀기 때문입니다.

나르 부모는 자녀의 삶 전체를 망가뜨립니다. 자녀의 의지를 꺾고 자존감을 무너뜨리는 일방적 비난과 무시, 받아들이기 힘든 감정 표출로 인한 정서적 혼란, 끊임없는 감시와 통제로 인한 건강한 관계 형성의 어려움, 과도한 불안감과 스스로에 대한 가치 절하…. 나르 부모 밑에서 자녀들이 겪는 고통입니다.

특히 악성 나르 부모의 경우, 편집증적 성향까지 보입니다. 근거 없는 의심과 통제로 자녀와 배우자를 괴롭히죠. 자신의 욕구를 채우기 위해 폭력적으로 변하기도 합니다. 하지만 이런 모습을 자녀 앞에서만 보일 뿐, 남들 앞에서는 모범적인 부모상을 완벽하게 연기하는 이중성도 갖고 있습니다.

어떤 이유로도 우리는 상처받을 필요가 없습니다. 누구도, 심지어 부모라도 우리에게 고통을 줄 권리는 없습니다. 상대가 부모일지라도 단호한 경계선을 그어야 합니다.

어떤 나르시시스트 부모는 의사가 된 아들을 자랑하며 "쟤는 내가 의사 만들었어"라고 말합니다. 그런 아들이 느끼는 스트레스를 엄마는 모릅니다. 또 다른 경우, 20대 중반에 취업한 자녀가 독립하려 해도 못 나가게 합니다. 아들 월급을 관리하며 "장가갈 때 모아서 줄 거야"라고 합니다. 어린 시절의 세뱃돈 착취가 성인이 되어서도 이어지면 사실상 아들의 돈을 가로채는 것입니다.

상처 주는 '나르 부모'에서 벗어나는 길은 쉽지 않을 것입니다. 하지만 그 길 끝에는 비로소 '나'로 살아갈 수 있는 자유가 기다리고 있습니다.

0교시 골든타임

호랑이의 본능은 거친 산을 누비는 것이고, 독수리의 본능은 하늘을 자유롭게 날아다니는 것입니다. 하지만 나르시시스트 부모 밑에서 자란 아이들은 울타리에 갇힌 채 자신의 재능과 가능성을 잃어버리고 삽니다. 그들은 부모라는 '주인'의 뜻에 복종하며, 자신의 삶을 통제당하죠.

당신은 어떤 부모인가요? 당신의 자녀가 무엇을 좋아하고, 어떤 재능을 타고났는지 알고 계신가요? 내 아이를 한 인격체로서 존중하고 있는지, 그들의 꿈을 지지하고 있는지 돌아봐야 할 때입니다.

아이에게 정해진 길을 강요하기보다는, 스스로 자신의 길을 찾아갈 수 있도록 도와주세요. 때로는 깊은 대화를, 때로는 믿음의 시선을 보내주세요. 나와 다른 생각과 취향을 가졌다고 해서 탓하지 마세요. 세상엔 하나의 정답만 있는 게 아니랍니다.

우리 아이가 이 세상에서 가장 소중한 존재라는 사실, 잊지 말아주세요. 내 욕심과 기대를 채우는 도구가 아닌, 자유롭게 꿈꾸고 도전할 수 있는 주체로 키워내는 것. 그것이 부모의 길입니다.

7. 공부 전문가들의 말, 그대로 믿어도 될까?

교육 유튜브 채널에 들어가면 "명문대 입학 수기", "초등 1학년 필수 공부법", "대치동 초등학생들의 미적분 공부", "대치동 입시컨설팅의 중요성" 등의 내용이 넘쳐납니다. 이를 보면 우리 아이만 뒤처지는 것 같아 마음이 급해질 수 있습니다.

이처럼 교육 전문 채널과 부모 커뮤니티에서 공부법, 입시, 선행학습 관련 영상들이 인기를 끕니다. 자녀를 좋은 고등학교와 명문대에 보내고 싶은 부모의 마음은 당연합니다. 하지만 이런 영상들을 보면 저게 학원 광고인지, 입시컨설팅을 받으라는 건지 의문이 듭니다. 더 놀라운 것은 "S대 의대를 보낸 엄마의 교육법", "사교육 없이 S대 보낸 수기" 같은 책들이 출간되고, 그 저자들이 각종 미디어에서 성공 신화로 포장되는 현상입니다.

이제 이러한 "자녀교육을 왜곡하는 교육성공 포르노의 허상"에 대해 자세히 들여다보고자 합니다.

입시 불안 마케팅의 실체

'성공 포르노'란 제대로 입증되지 않은 성공을 미끼로 해서, 이미 성공을 이룬 것 같은 착각을 불러일으켜 사람의 도파민 체계를 망가뜨리는 현상을 말합니다. 그렇다고 명문대 합격 수기나 공부법, 입시컨설팅 등의 정보가 모두 거짓이라는 뜻은 아닙니다.

최근에 자기계발 열풍으로 인해 많은 사람이 심리적 불안감을 느끼고 있습니다. 경제적 자유를 이뤘다는 20대 젊은이들이 나와 "나처럼 하면 당신도 부자가 된다"라는 메시지를 전하며 불안감을 조성합니다. 이들의 SNS에는 정원이 있는 호화로운 주택, 명품, 고급 차량은 물론, 자신을 추종하는 이들과 찍은 사진이 빠지지 않습니다. 부자가 되고 경제적 자유를 얻고 싶어 하는 것은 자연스러운 욕구이기에, 이런 콘텐츠에 마음이 흔들리는 것도 당연할 수 있습니다.

그런데 문제는 이런 '성공한' 사람들의 실체가 불분명하다는 점입니다. 그들은 흔히 '성공팔이'를 통해 멀쩡히 잘 다니는 대학이나 직장을 함부로 폄하하고, 지금 그 대학 나와서는 평생 고생한다고 말하거나, 직장인의 삶은 결국 '노예'나 다름없다며,

자신의 영상이나 강의를 보고 책을 사면 성공할 수 있다고 현혹합니다.

이는 특히 힘든 상황에 처한 젊은 층을 타깃으로 한 일종의 '공포 마케팅'입니다. 성공 포르노는 과정보다는 결과만을 미화하여 사람들을 현혹합니다. 이는 수능 후 쏟아지는 대학 합격 수기와 공부법 책들이 무비판적으로 받아들여지는 현상과 유사합니다.

공부 전문가들의 말, 그대로 믿어도 될까?

제가 청소년 심리에 주목하는 데는 분명한 이유가 있습니다. 사실 유아부터 고등까지 제대로 된 청소년 관련 채널이 별로 없고, 결국 사회에 나가서 앞서 설명한 이런 마케터들의 달콤한 속삭임에 현혹되지 않도록 살아야 하는 아이들에게 학교나 가정 그리고 학원 등에서는 오직 공부와 입시만 얘기하기 때문입니다. 제가 욕을 먹더라도 이 말씀은 꼭 드리고 싶었습니다.

여러분도 아시겠지만, 우리나라 사교육 참여율은 80% 이상입니다. 이는 통계청 공식 통계이므로, 사실 비싼 고액의 사교육을 하는 학생들은 암묵적으로 더 있을 것입니다. 하지만 서울 주요 대학 진학률은 고작 7%에 불과합니다. 물론 이렇게 투자하는 것이 모두 헛돈이라고 하는 것은 아니며, 저 역시 사교육을 반대하는 사람은 분명 아닙니다.

어느 공교육 교사가 미디어에 나와서 "사교육은 필요 없다"라고 하면 그 말이 맞는 것 같고, 대치동 학원장이 나와서 "선행은 필수이며, 상위권 아이들은 이미 수능 기출 문제를 풀고 있다"라고 하면 내 자녀도 그렇게 해야 할 것 같죠. 아마 이 글을 읽는 부모들 모두 그런 마음일 겁니다. 부모라면 누구나 공감하겠지만 아이가 공부 의지가 높고, 절제하는 능력도 높아 공부를 잘하는 조건을 갖췄다면 사교육도 필요 없으니 경제적 부담도 덜고 너무 좋겠죠. 하지만 그렇지 않은 게 우리 집 상황 아닌가요? 또한 공부를 잘하는 학생들일수록 본인이 부족한 과목과 단원을 더 잘 알고 있기 때문에 현실적으로 이런 자녀를 둔 부모들은 현 입시 체제에서는 사교육으로 그런 부분을 보충하는 것도 맞습니다.

문제는 공부법 전문가나 입시 전문가라고 하시는 분들의 말을 들어보면 제가 봐도 이해 안 되는 것들이 있다는 것입니다. 누구나 그 방식대로 따라 하면 된다고 아주 단호하고 거침없이 말씀하시는데, 냉정하게 묻고 싶습니다. "정말 그냥 따라가기만 하면 됩니까?"

2000년대 초반부터 대한민국에는 전국의 모든 수험생이 상대적으로 저렴한 가격에 대치동 최고 강사들의 수업을 들을 수 있는 인터넷 강의, 즉 인강이 세계 최초로 등장했고, 지금까지도 일타 강사의 현장 수업이나 인강 수업의 시장 규모는 천문학적 규모에 달합니다. 그렇다면 이렇게 훌륭한 강사들의 수업을 들었는데도 왜 누구는 명문대를 가고 누구는 재수, 삼수를 하는 걸까요? 50만 수험생 각자의 학습 능력과 환경이 천차만별인데 어떻게 하나의 방법이 모든 아이에게 다 효과적이라고 할까요? 그러므로 공부법에 대한 조언은 참고만 하고, 자녀의 현재 상황에 맞게 적용하는 것이 중요합니다.

교육 성공 수기, 그 이면을 봐야 합니다

본격적으로 말씀드리고 싶은 것은 부모와 자녀들의 불안한 심리를 이용해 교육 채널들이 쉽게 미끼를 던진다는 점입니다. 좋은 대학을 가기 위한 공부법과 입시컨설팅 정보가 있다고 해도 무작정 믿지 마시고 정보를 거르는 눈을 키우셔야 합니다.

공부 전문가들의 말이 모든 자녀에게 적용되는 것은 아닙니다. "초등 1학년 필수 수학 공부법", "중학교 최상위권 국어 공부법", "고등학교 내신 1점대 아이들의 학습법" 등의 콘텐츠를 맹목적으로 추종하지 마십시오. 이러한 정보들은 오히려 부모의 불안을 가중시키고, 자녀의 건강한 성장을 저해할 수 있습니다. 학습 속도는 개인마다 다르므로, 자녀의 현재 수준을 인정하고 그에 맞는 맞춤형 학습 방법을 찾는 것이 중요합니다.

자녀 성공팔이의 대표적인 예로 위인전을 들 수 있습니다. 위인전은 긍정적인 면만 강조하고 부정적인 면은 거의 언급하지 않아 비현실적인 인물상을 만들어냅니다. 명문대 입학 수기도 마찬가지입니다. 50만 수험생 중 1% 미만의 특수 사례를 일반화하는 것은 위험합니다. 이런 성공 사례들은 특정 환경과 조건 하에서 만들어진 것으로, 모든 학생에게 적용하기는 어렵습니다. 사실 모든 '합격 수기', '공부법', '입시 컨설팅' 같은 것들에는 숨겨진 진실이 있기 마련입니다. 그런 부모님들 나와서 이야기하는 거 보면 뭐, 진정성 있는 조언을 하는 분도 계시지만 아예 자식 팔아서 강연하는 분들도 많이 봤거든요. 별로 권하고 싶지 않지만 이미 읽으셨다면 "아, 저런 방식으로 했구나" 정도로만 받아들이시면 됩니다.

저는 공교육 현장 경험도 있고 지금은 대학에서 강의도 하지만, 냉정히 말해 현재 대한민국 입시에서 사교육은 필요한 영역에서 선별적으로 활용해야 합니다. 교과서 외에서 출제되는 시험 문제들이 여전히 존재하고, 수능 시험은 지속적인 문제 풀이 훈련이 필요한데 공교육만으로는 많은 학생이 이를 감당하기 어렵기 때문입니다.

그리고 공부 전문가들이 강조하는 '자기 주도 학습'이란 무작정 혼자 공부하라는 게 아니에요. 혼자서 해결하기 힘든 과목이나 단원은 전문가의 도움을 받되, 이후에는 스스로 반복 학습하라는 의미입니다. 공부 방법도 모르는 아이를 스터디 카페에 가둔다고 저절로 공부를 잘할 리 없겠죠.

자극적인 말에 흔들리지 마세요. 사교육 무용론을 외치는 사람들마저 정작 자신의 자녀는 사교육을 받게 하는 경우가 많습니다. 해외 명문대에 자녀를 보내는 이들도 적지 않으니까요. 그러나 사교육을 맹신하는 것도 경계해야 합니다. 사교육을 받는 것과 그 내용을 실제로 자기 것으로 만드는 것은 다릅니다. 중요한 것은 꾸준한 '혼공' 시간과 차근차근 학습 목표를 성취해가는 과정입니다.

물론 아이마다 환경과 목표가 다릅니다. 과학고나 영재고 진학을 목표로 한다면 선행학습이 필요할 수 있고, 학교에서 이를 충족시키기 어려울 수 있어 사교육이 불가피한 선택이 되기도 합니다. 그렇지 않더라도 중학교에서 과목별 공부 방법을 익히고, 고교 진학 전 1학기 정도의 선행학습을 해두면 좋습니다. 현행 교육과정만으로는 선행학습 없이 시험 준비 자체가 어려운 것이 현실이니까요.

불안을 팔아 성공을 사는 사람들

공부는 누가 합니까? 아무리 부모가 공부 환경을 최적화해 준다고 해도, 경제적 지원을 아낌없이 투자한다고 해도 아이가 해야 합니다. 유튜브를 비롯한 각종 미디어를 보면 부모의 불안감을 이용해 마케팅에 활용하는 사람도 많고 자신의 브랜딩을 높이기 위해 고상한 척하는 인간도 참 많습니다.

공부는 결국 학생 본인이 하는 것이고, 부모는 그저 지원자일 뿐입니다. 그 어떤 공부법이나 입시 비법도 학생 스스로의 의지와 꾸준한 실천이 없다면 소용없습니다. 교육에 왕도는 없습니다. 내 아이에 맞는 공부법을 찾고 지속할 수 있도록 옆에서 응원해주는 것, 그것이 부모가 할 수 있는 최선의 교육입니다.

0교시 골든타임

유명 인플루언서, 소위 '성공한 사람들'의 말은 강력한 힘을 발휘합니다. 그들이 전하는 메시지 하나하나가 대중에게 막대한 영향을 미치곤 하죠. 교육계 역시 예외는 아닙니다. 많은 부모가 스타 강사나 교육 전문가들의 조언에 열광하며 따르고 있어요.

"교육 성공팔이"들은 그들의 권위를 적재적소에 활용합니다. 권위에 빠진 부모들은 그들의 주장과 논리에 오류가 있어도 미처 발견하지 못합니다. 하지만 그들의 화려한 언변에 현혹되어선 안 됩니다. 그들의 조언 역시 하나의 의견일 뿐입니다. 부모들의 불안감에 편승해 그들만의 논리를 펼치는 경우도 많답니다.

우리 아이에게 가장 잘 맞는 길은 무엇일까요? 유명 인사의 말이 아닌, 내 아이의 눈빛에서 그 답을 찾아야 합니다. 아이의 적성과 특성, 꿈과 끼를 가장 잘 아는 사람은 바로 부모님이에요. 스스로 고민하고 공부하는 자세가 필요한 이유입니다.

물론 전문가들의 의견을 귀담아듣는 것은 좋습니다. 하지만 무조건 수긍하기보다는 비판적 사고를 잊지 마세요. 그들의 주장이 내 아이에게도 맞는 얘기일지, 혹시 빈틈은 없는지 곱씹어봐야 해요.

남의 성공 신화보다는 내 아이만의 빛나는 가능성을 믿으세요.

6부

아이의 미래를 위해 지금 당장 실천해야 할 것들

1. 공부 잘하는 것보다 더 중요한 가치

부모교육, 자녀교육 관련 콘텐츠에서 가장 인기 있는 분야는 단연 "난 이렇게 해서 서울대 갔다", "두 아이를 서울대 보낸 엄마의 비밀", "초등학교 때 반드시 떼야 하는 수학 개념", "입시컨설팅", "공부법"과 같은 좋은 고등학교 진학과 명문대 입시 관련 각종 정보 채널들입니다. 이들은 여전히 뜨거운 관심을 받고 있습니다. 저 역시 입시전문가이기에 현재 인기 있는 부모교육 채널에서 다루는 입시 및 공부 정보를 잘 알고 있고 더 많이 다룰 수도 있습니다.

그러나 이번 글에서는 모두가 공부, 대학, 입시를 이야기할 때, "공부보다 잘 놀아야 하는 결정적인 이유"에 대해 알아보겠습니다. 공부 말고 잘 놀아야 한다니 당황스러우실 수 있겠지요.

다소 도발적인 주제일 수 있으나, 이는 단순한 역발상이 아닌 우리 시대가 요구하는 새로운 교육적 관점입니다.

주변을 둘러보면, 학창시절 성적은 평범했으나 자신만의 독특한 재능을 발전시켜 사회적으로 성공한 사례들을 어렵지 않게 발견할 수 있습니다.

저는 '사회적 성공'을 조금 다르게 정의합니다. 예전 부모 세대가 경험했던 압축성장의 시대에는 대학이 간판이 되는 세상이었지만, 지금은 상황이 완전히 바뀌었습니다. 저출산으로 인한 인구구조 변화, 명문대 졸업장이 더 이상 성공의 보증수표가 되지 못하는 시대, 저성장시대와 고령화 등 우리 사회는 다양한 위기에 직면해 있습니다.

공부를 하지 말라는 것이 아닙니다. 학창 시절의 공부는 성실함의 결정체이며 사회에 나와서도 큰 힘이 됩니다. 다만 이제는 부모로서 자녀의 미래를 새로운 시각으로 바라볼 때가 왔습니다.

공부 잘하는 것만이 성공의 지름길일까?

20년 이상 교직 생활을 하신 공교육 선생님들과 대화를 나누다 보면 흥미로운 통찰을 접하게 됩니다. "학교 다닐 때는 공부를 못했지만 공부 잘했던 아이보다 그 아이가 지금 더 잘 나가요." 이 말은 4차 산업혁명 시대에 개인의 다양성과 창의성이 중요해진 지금, 우리에게 시사하는 바가 크다고 봅니다.

평균 40대 후반에 퇴직하고 최소 3번 이상 직장을 바꾸어야 하는 사회구조 속에서 공부만 잘해서 대기업에 가는 것이 최선일까요? 선생님들이 말한 '공부를 못했던' 아이들은 교과 성적은 낮았지만 학교에서 제공하는 다양한 경험과 도전을 통해 자신만의 길을 개척했다고 합니다.

'성공'이란 본질적으로 주관적입니다. 사회적 인정을 받는 성공이라도 당사자가 인정하지 않으면 의미가 없으며, 그 반대도 마찬가지입니다. 좋은 성적으로 명문대에 진학하는 것만으로는 미래의 성패를 예측할 수 없다는 의미입니다.

현장 교사들의 관찰에 따르면, 장기적으로 성공하는 학생들에게서 몇 가지 공통점이 발견됩니다. 이들은 학교 행사에 적극적이고 외향적이며, 무엇보다 흔들리지 않는 자신감과 도전 정신을 지녔습니다. 과제에 대한 집착력, 강한 추진력, 도전정신으로 무장하여 목표를 향해 끝까지 나아가는 특징을 보입니다. 한마디로 "잘 놀고", "리더십을 발휘하며", "또래 관계가 좋았던" 학생들입니다.

주목할 점은 공부를 잘하든 못하든, 잘 놀고 운동도 잘하려고 하는 아이가 사회에 나가서도 무엇이든 잘하고 성공해서 선생님을 찾아온다는 것입니다. 잘 되었으니 선생님을 찾아가는 것이겠죠.

하지만 요즘 아이들에게 '놀기'는 사치이자 금기시되는 분위기(현실)입니다. 아이의 행복을 위해서라고 하지만 실상은 뒤처지면 끝이라는 두려움에 사로잡혀 있습니다. 심지어 부모 세대조차 일 중독에 빠져 건강한 여가 생활을 잃어버린 경우가 많습니다.

이제는 우리도 "쉬는 방법"을 배워야 할 때입니다. 노력과 성과가 비례했던 과거와 달리, 불확실성이 지배하는 현재 사회에서는 천편일률적인 성공 공식이 더 이상 통하지 않습니다. 부모 세대에게는 자녀의 학업 성적과 명문대 진학이 여전히 행복의 척도로 여겨질 수 있지만, 이는 더 이상 절대적인 성공의 공식이 될 수 없습니다.

공부보다 중요한 아이의 미래 경쟁력

그렇다면 잘 노는 게 중요한 이유를 3가지로 정리해보겠습니다.

첫째, 잘 노는 사람은 다른 사람의 마음을 잘 읽습니다. 즉, 공감 능력이 뛰어나다는 것입니다. 타인의 마음을 읽고 소통할 줄 아는 능력이 있으면 따르는 사람이 많아집니다.

둘째, 잘 노는 사람에게는 상상력과 표현력이 풍부합니다. 춤을 춰도 감동을 주고, 노래를 불러도 울림이 있습니다. 놀이의 본질인 상상력은 자신을 객관적으로 바라보는 능력도 향상시켜, 자신의 적성과 재능을 명확히 파악할 수 있게 합니다.

셋째, 제일 중요한 것은 현재의 풍부한 놀이 경험이 미래의 삶의 질을 결정짓기 때문입니다. 지금은 공부하는 아이들에 비해 뒤처지는 것 같지만, 10년 뒤에는 지금 열심히 논 아이들이 경쟁만 한 아이들보다 더 행복하고 성공할 가능성이 높습니다. 지식만 있고 경쟁만 했던 아이들은 사회가 정한 틀 안에서 살아갈 수는 있겠지만, 감동과 정서가 결여된 이들은 자신만의 삶의 이야기와 행복을 가진 성인으로 성장하기 힘듭니다.

부모가 진정 자녀의 행복을 원한다면, 지금이라도 아이들이 마음껏 놀 수 있도록 해야 합니다. 저는 부모 강연에서 "어떻게 공부시켜야 하나요?"라는 질문에 더 이상 구체적인 공부법을 설명하지 않습니다. 대신 "아이를 놀게 해주세요", "과도한 집착을 놓아주세요"라고 답합니다. 심지어 중고등학생 강연에서는 "부모님 말씀 듣지 마라"고까지 합니다. 부모님이 좋아하는 직장이 아니라 자신이 좋아하는 일과 직장을 찾으라는 뜻입니다.

모든 사람이 풍족하고 만족한 삶을 살 수는 없지만, 각자의 방식으로 행복을 찾는 것은 충분히 가능합니다. 그래서 지금 잘 노는 것이 필요합니다. 자녀를 명문대에 보내기 위해 아빠는 과로로 쓰러질 때까지 일하고, 엄마는 밤낮없이 입시 정보와 학원을 좇아다니며, 아이는 감정 없는 기계처럼 공부만 하는 모습은 "SKY 입시를 위한 맹목적인 조직"일 뿐, 건강한 가정이라 할 수 없습니다. 슬픈 것은 이런 비정상적인 삶이 마치 가족을 위한 지고한 사랑이자 숭고한 희생인 양 착각하는 부모들이 너무나도 많다는 점입니다.

기계가 대체할 수 없는 인간다움의 교육

이제는 부모가 바뀌어야 합니다. 대한민국의 교육열은 오래전부터 내려온 '국룰'이라 조심스럽지만, 그래도 용기 내어 말씀드립니다. 좋은 학교, 최고의 스펙, 안정된 직업을 강요하는 것은 지금과 같은 시대에는 오히려 어리석은 생각일 수 있습니다. 공부를 하지 말자는 것이 아니라, 공부 이면에 숨어 있는 본질을 보자는 것입니다.

앞으로 우리 자녀들이 살아가야 하는 세상은 "뭐가 어떻게 바뀔지 모르는 시대"입니다. 그런데도 아이들에 대한 기준은 몇 십 년 전이나 지금이나 바뀐 게 없습니다. 아직도 의사, 판사, 검사가 부모에게는 최고의 직업이니까요. 이 직업들도 충분히 가치 있지만, 미래 시대의 성공 기준은 분명 달라질 것입니다.

아직도 성공과 자기계발 서적이 베스트셀러가 되고, 20대에 몇 십억을 모았다는 사기꾼들이 SNS를 장악하고 있는 현실을 보면 안타까울 뿐입니다. 우리 자녀들만큼은 물질적, 경제적 성장만 좇다가 불안과 비교 속에 살지 않았으면 합니다. 대신 진정한 삶의 질과 내면을 채울 수 있는 힘을 키워주고 싶습니다.

0교시 골든타임

"'잘 노는' 아이는 지식을 기반으로 상상력을 만듭니다. 남들은 누군가 만든 콘텐츠를 소비할 때 '잘 노는' 아이는 재미와 소통을 통해 콘텐츠를 생산하는 사람이 될 것입니다."

우리는 '잘 논다'는 의미를 새롭게 정의해야 합니다. 단순히 공부하지 않고 노는 것이 아니에요. 진정으로 잘 노는 아이는 열린 마음으로 세상과 '소통'하고, 창의적인 관계를 만들어가는 아이입니다. 미래는 이런 아이들의 것입니다. 단순히 주어진 울타리 안에서 주어진 일만 하는 시대는 지나가고 있어요. 기계가 대신할 수 없는 창의력, 그것이 미래의 화두가 될 겁니다.

우리 아이가 상상력 가득한 크리에이터로 자라길 희망한다면, 지금부터 잘 노는 법을 가르쳐주세요. 고정관념에 매이지 않고 세상을 바라보는 눈을 키워주세요. 남들과 다른 생각을 두려워하지 않는 열린 사고를 심어주세요.

잘 노는 아이가 미래를 이끌어갑니다. 단순히 주어진 것을 소비하는 것이 아니라, 세상에 없던 놀라운 것들을 만들어내는 사람이 될 수 있게 응원해주세요. 우리 아이의 창의적 놀이가 미래를 디자인할 것입니다.

2. 모든 고귀한 것은 어렵고도 드물다: 성공에 관하여

요즘 자녀들에게 꿈이 뭐냐고 물어보면 '돈 많이 버는 거'라고 합니다. 그래서 그런지 대학생 자녀부터 직장을 다니는 자녀까지 돈 버는 자기계발을 하기 위해 각종 모임에도 나가고 비싼 비용을 내면서 미친 듯이 강연에 참가합니다.

17세기 철학자 스피노자는 그의 저서 《에티카》에서 "모든 고귀한 것은 어렵고도 드물다"라고 말했습니다. 이 문장은 진리나 지식, 덕을 추구하는 과정이 쉽지 않다는 것을 강조하지만, 이러한 고귀한 것들을 이해하고 획득하는 것은 결국 우리의 삶을 더 풍요롭고 의미 있게 만들어준다는 뜻입니다. 자녀들이 꿈꾸는 성공이나 성장에도 당연히 이런 깨달음이 적용됩니다. 누구나 꿈꾸는 고귀한 성공은 어렵고 드물기 때문입니다. 또한 성공의 기준과 성장의 증거는 사람마다 다릅니다. 그래서 자녀가 하나의 기준이나 잣대로 성공이나 성장을 평가하고 따라 한다면 부모로서 그 생각을 바로잡아주어야 할 의무가 있습니다.

성공에 대한 잘못된 인식

2023년 넷플릭스에서 개봉된 드라마 〈청담국제고등학교〉의 주요 내용은 흙수저인 김혜인이 귀족학교인 청담국제고등학교에서 일어난 끔찍한 사건의 목격자가 되면서 전학을 오게 되는 이야기입니다. 그 과정에서 학교 권력자인 '백제나'와 악연으로 엮이고 가난해서 멸시를 받기도 합니다.

한국에는 엄연히 상류층이 존재합니다. 상류층 부모를 만나서 모두가 선망하는 상위 1%의 귀족학교에 들어간 고등학생들은 어른들도 할 수 없는 일을 과감하게 합니다. 한마디로, 상류층이 되면 '자신이 원하는 것'에 남들보다 더 빠르게 접근이 가능합니다. 사회관계 자본이 있는 사람은 누구나 꿈꾸는 '경제 자본'을 다른 사람보다 쉽게 모을 기회를 얻습니다. 돈이 돈을 벌어주는 시스템을 만든다는 거죠.

하지만 요즘 유튜브나 인스타를 통해 '영앤리치'의 일상을 보며 자란 아이들은 아무리 그건 아니라고 얘기해도 잘 듣지 않습니다. SNS를 통해 부자놀이 하는 사람들이 완벽한 스토리를 가지고 상류층의 꿈을 꾸는 우리 자녀들에게 체계적인 가스라이팅을 하고 있기 때문입니다. A의 성공스토리 자기계발 강의는 몇백만 원이 넘습니다. 하지만 이 글을 읽으시는 부모들은 잘 아실 겁니다. 성공이나 성장이라는 게 실제로 상당히 어렵고 강의를 수십 번 듣고 따라 한다고 쉽게 이룰 수 없다는 것을 말입니다.

특히나 우리 자녀들이 잘 속는 지점은 상상하는 대로 이루어진다거나 간절하게 원하는 이미지를 그리면서 그것을 끌어당기면 현실로 구현된다는 "끌어당김의 법칙" 운운하는 주장입니다. 사회적으로 심리적으로 나약한 20대들은 빠른 성공과 쉬운 부에 현혹되어 언제나 이런 유혹에 잘 낚이게 됩니다.

이미 성공했다고 자부하는 사람들이 "나는 이런 비법으로 부자가 되었다"라고 말하고 "내가 한 대로만 따라 하면 누구나 부자가 되고 성공한다"라는 주장은 전형적인 사기꾼의 수법입니다. 세상의 아무리 좋은 처방전이나 성공 비법도 내가 직접 겪으며 시행착오라는 경험을 하지 않으면 진정한 내 것이 될 수 없습니다.

존경받는 부자가 되는 3가지 방법

철학자 니체는 《선악의 저편》에서 이렇게 말합니다. "주인으로 살아가는 사람은 스스로 가치를 결정하고 창조하는 사람이다.

반대로 다른 사람이 결정해준 가치를 추구하거나 자신의 성과를 다른 사람의 가치 판단 기준에 따라 평가받는 사람은 노예다. 주인으로 살아가는 방법은 내 몸에 맞는 방법을 스스로 찾아가면서 의미와 가치를 느끼는 일을 한다."

성공하는 사람들은 늘 새벽에 일어나서 조깅하는 것 같고 하루에 책 1권씩은 읽는 것 같지만, 그들이 모두 새벽에 일어나지는 않습니다. 실제로 내가 직접 경험하면서 몸이 마찰을 일으키고 저항이 발생하면서 자연스럽게 체화될 때, 비로소 새벽에 조깅을 하든 뭘 하든 "나만의 고유한 방법"이 개발됩니다. 따라서 자녀가 다른 사람의 일방적인 주장이나 견해에 쉽게 매몰되지 않도록 부모의 냉철한 지도가 필요합니다. 그래서 우리는 누가, 어떤 환경에서, 누구의 도움을 받고, 어떤 과정을 통해 어떤 결과물을 냈는지 치밀하게 따져보는 사고 과정을 거쳐야 합니다.

지금부터 알려드리는 세상에서 존경받는 부자 되는 3가지를 꼭 기억하세요.

첫째, 다른 사람의 주장이나 비법에 쉽게 휘둘리지 마십시오. 많은 사람이 지금도 타인이 제시하는 성공의 미끼를 듣고는 거기로 전력 질주합니다. 그럼에도 타인의 성공 방식이 통하지 않는 이유는 다른 사람의 성공 비법은 지금의 내 환경에 맞지 않을뿐더러 내 경험과 노력에서 나온 것이 아니기 때문입니다.

둘째, 성공에 가장 빠르게 도달하는 것은 기도가 아니라 '시

도'입니다. 자칭 성공자들을 우상화하고 그들의 이야기에 매몰될수록 주체적인 삶은 멀어집니다. 남의 방식에 의존할수록 자신의 존재 가치는 퇴색되며, 타인의 성공 비법으로는 "진정한 자기 계발"이 불가능합니다. 막연한 기대와 기도보다는 구체적인 실천이 필요합니다. 독서도 단순한 수용이 아닌 자신의 생각을 정리하는 과정이 되어야 하며, 완벽한 준비보다는 과감한 실천과 꾸준한 반복이 성공의 열쇠입니다.

셋째, 세상에서 존경받는 성공을 하고 싶다면 검소해야 합니다. 졸부들은 외제차, 호화스러운 의류, 귀금속, 고급식당, 명품가방, 호캉스 등에 매우 집착합니다. 하지만 진정한 상류층은 오히려 로고 없는 명품을 소비하며 자신의 부를 드러내지 않습니다. 상류층은 자신을 굳이 증명하고 드러낼 필요가 없기 때문입니다.

프랑스 철학자 브르디외는 인간은 구별 짓기를 좋아한다고 했습니다. 쉽게 말해 서로 수준이 맞는 사람들이 "끼리끼리" 논다는 것이죠. 상류층은 상류층끼리 어울립니다. 이미 부자인 그들에게 고급 외제차, 고급식당, 명품가방, 옷들은 새로운 것이 아닙니다. 따라서 지금부터라도 검소한 습관을 몸에 익히고 벼락부자나 하는 그런 짓은 따라 하지 않는 게 좋습니다.

이미 금수저를 물고 태어났어도 상류층이 가져야 할 "아비투스"가 있습니다. 또한 자녀를 부자로 만들고 성공하는 사람으로 만들기 위해서는 사기꾼들이 떠들어대는 자기계발에 맹목적으로 따라가지 않도록 부모의 역할을 다해야 합니다.

0교시 골든타임

"당신은 자녀에게 어떤 부모의 모습을 하고 있나요?"
자녀에게 몸에 좋은 음식을 먹이고, 쉴 공간을 만들어주고, 능력 있는 과외 선생님을 알아봐주는 것은 어쩌면 쉬운 일입니다. 하지만 자녀가 올바른 어른으로 자라는 데 가장 큰 영향을 주는 것은 따로 있어요. 바로 부모가 살아가는 '삶의 모습' 그 자체입니다.
흔들리지 않는 윤리의식, 모든 이에 대한 예의와 배려, 성실함과 정직함. 이런 가치관은 부모의 행동을 통해서만 자연스럽게 아이에게 전해집니다. 아무리 좋은 말로 가르친들 부모의 행동이 말과 다르다면, 아이는 그 말보다 행동을 따를 거예요.
당신은 지금 어떤 모습으로 아이 앞에 서 있나요? 아이에게 바라는 모습을, 과연 내가 직접 실천하고 있는지 돌아봐야 할 때입니다. 자녀가 남에게 피해 주지 않고, 모든 이에게 예의 바르며, 약자를 배려하고 성실하게 살기를 바란다면, 부모인 우리가 먼저 그런 모습을 보여주어야 합니다. 인간이자 사회 구성원으로서 마땅히 지켜야 할 가치들을 올곧게 실천하는 괜찮은 사람으로 키우고 싶다면, 그 시작은 바로 우리가 되어야 합니다.

3. 인성이 실력이다: 싸가지 있는 아이로 키우는 법

제가 아는 중학교 1학년 여학생 한 명은 늦둥이 딸이라 집에서 여왕처럼 '군림하고' 있습니다. 큰언니와는 나이 차가 많이 나는데, 언니를 키울 때는 몰랐던 사고란 사고는 다 치고 다닙니다. 학원 수업을 빼먹는 건 일상다반사이고, 학교에서도 수업 태도가 좋지 않아 문제 학생으로 찍혀 있는 상태입니다. 심지어 학교에서 남자아이들과 싸움이 나 엄마가 불려간 적도 있습니다.

너무 답답한 나머지 엄마는 딸을 앉혀놓고 진지하게 얘기합니다. "너는 대체 왜 이러니? 친구들에게 말을 조심스럽게 해야지. 네 마음대로 학원에 안 가고, 학교 숙제도 안 하면 어떡하니? 학교나 학원에서 수업에 집중해야지. 그렇지 않으면 선생님들이 널 싸가지 없다고 할 거야!"

그런데 딸은 충격적인 말을 합니다. "응, 맞아. 나 싸가지 없어. 그게 어때서? 내가 싸가지 없어서 엄마한테 피해준 거 있어?"

또 다른 초등학교 4학년 남자아이는 부모의 맞벌이로 인해 할머니가 돌봐주고 있습니다. 외동아들인 탓에 부모의 애정을 한몸에 받고 있지만, 부모가 놓친 것이 있습니다. 부모는 자신들의 부재를 돈으로 보상하려 합니다. 최신형 스마트폰을 사주고, 아이가 숏폼 영상에 하루 종일 빠져 있어도 제지하지 않습니다. 심지어 영상에서 본 명품 옷을 달라고 조르면 그마저도 허락합니다.

부모는 아이에게 늘 이렇게 말합니다. "그래, 엄마 아빠니까 너한테 이렇게 해주는 거야. 다른 집 애들은 이런 거 못 가져."

어느 날, 이 아이는 자신을 돌보는 할머니가 맛없는 간식을 줬다는 이유로 이렇게 말합니다. "할머니, 할머니는 얼마 받아요? 엄마 아빠가 할머니한테 돈 많이 준다고 했는데, 간식을 이렇게밖에 못 만들어요?"

인성이 경쟁력이 되는 시대

싸가지란 사람에 대한 예의나 배려를 뜻하는 말로, 싸가지 없는 사람이란 이러한 예의나 배려가 없는 사람을 일컫습니다. 다른 관점에서는 '인의예지'라는 4가지 덕목으로 보기도 합니다.

'인'(仁)은 더불어 살아가는 데 필요한 따뜻한 마음으로, 서로 이해해주는 마음입니다. 사람을 대할 때는 안쓰럽게 여기고 챙기는 '사랑'의 마음이 있어야 합니다. 이런 마음 없이 매몰차게 대한다면 관계는 깨질 수밖에 없습니다.

'의'(義)는 '옳음'을 뜻합니다. 여기서 말하는 옳음이란 누구나 인정하는 도덕적인 옳음입니다. 상식적이지 않은 비도덕적인 말과 행동은 싸가지가 없다고 할 수 있습니다.

'예'(禮)는 부모와 자식, 어른과 아이, 상사와 부하 등 상하관계뿐 아니라 친구 관계에서도 지켜야 할 예의를 말합니다. 아무리 친해도 선을 넘는 말이나 행동은 상대방의 기분을 상하게 할 수 있습니다. 자식을 진정 사랑한다면 부모와 자식 사이에도 분명한 서열이 있어야 아이가 예절을 배울 수 있습니다.

마지막으로 '지'(智)는 지혜를 뜻합니다. 지혜란 때와 장소를 구분하고 상황에 맞는 적절한 행동을 스스로 판단할 수 있는 능력입니다. 이것만 잘해도 우리 자녀는 바른 인성을 갖춘 사람으로 성장할 것입니다.

싸가지 교육, 지금 바로 시작하세요

언제부터인가 자녀의 말과 행동에 예의가 없어 처음에는 그런가

보다 하다가, 어느 순간 집안의 '왕'으로 등극한 통제 불능의 자녀를 키우고 계십니까? 부모가 무슨 말을 해도 귓등으로도 듣지 않고 제멋대로 하는 이런 아이들을 우리는 보통 "싸가지"가 없다고 말합니다. 어쩔 수 없다는 핑계가 자녀를 싸가지 없는 아이로 만들어가는지도 모릅니다. 그 '어쩔 수 없다'는 생각이 아이를 망칩니다.

누구를 옆에 두느냐에 따라 인생의 방향이 달라지기에, 부모는 싸가지의 중요성을 반드시 가르쳐야 합니다. 자녀가 싸가지가 있느냐 없느냐에 따라 앞으로 만나게 될 주변 인물들이 달라지고, 만나는 사람들의 격이 달라집니다. 그래야 자녀의 인생에 도움이 되는 '좋은 사람들'을 만나게 됩니다.

생각해봅시다. 공부는 잘하는데 싸가지가 없는 자녀와 공부는 그럭저럭하지만 싸가지가 있는 자녀가 있다면 누구에게 더 마음이 갑니까? 지금은 학생이니 공부만 잘하면 된다고 생각할 수 있지만, 오랜 경험으로 볼 때 '공부는 그럭저럭하지만 싸가지 있는 자녀'를 선택하는 게 더 나을 것입니다.

그렇다면 현실적으로 싸가지 없는 아이를 다루는 방법은 무엇일까요?

첫째, 초등학생이라면 이는 전적으로 부모가 바뀌어야 할 문제입니다. 맞벌이한다고 해서 아이에게 미안해할 필요가 없습니다. 부모도 열심히 살기 위해 노력하는 것인데, 아이만 너무 바라보지 말고 안 되는 건 안 된다고 해야 합니다. 요즘 아이들이

유튜브 숏폼에 중독되어 있는데, 한번 빠지면 헤어나오기 힘듭니다. 좋은 콘텐츠보다는 자극적이고 폭력적인 내용이 대부분이어서 이를 제재해야 합니다.

둘째, 중학생이라면 사춘기와 싸가지를 혼동해서는 안 됩니다. 화장하고 짧은 치마를 입는 것까지는 그냥 넘어갈 수 있습니다. 그러나 술을 마시고 담배를 피우는 건 법의 경계를 넘나드는 일이므로 단호하게 혼내야 합니다.

셋째, 고등학생이라면 공부 때문에 힘든 시기인 만큼 아이가 성인이 되면 알아서 하겠거니 하는 생각은 금물입니다. 남을 배려하고 좋은 관계를 형성하는 과정은 보통 사춘기에 완성됩니다. 중고등학교 때 형성된 세상을 보는 관점은 쉽게 바뀌지 않습니다. 고등학생 자녀와는 충분히 대화가 가능한 시기이니, 다소 거칠더라도 "나는 우리 딸이 공부 잘하는 것도 좋지만, 사람들에게 꼭 필요한 사람이 되면 더 좋겠다"라는 식으로 '공부'를 빼고 대화를 나누는 것도 좋습니다.

인생에 싸가지보다 중요한 건 없다

요즘 아이 중에는 "나는 공부도 못하니까 그냥 엄마 아빠 등에 빨대 꽂을 거야. 내 인생 책임져!"라고 말하는 경우도 있습니다. 기사에서 자주 볼 수 있듯 성공한 인생을 한순간에 무너뜨리는 건 바로 '인성', 즉 싸가지입니다.

제가 만난 싸가지 '있는' 아이들은 대부분 그런대로 잘 살아가고 있습니다. 반면 학창시절 공부만 잘하고 싸가지가 없던 아이들은 직장 생활에 적응하지 못하고, 대인관계의 연속된 실패로 사회에 발을 붙이지 못합니다. 이런 사람과는 식사 자리도, 영화 관람도 함께하고 싶어 하지 않습니다. 물론 연애도 쉽지 않겠죠.

좋은 대학, 좋은 직장을 위해 부모가 그토록 희생했으면 자녀는 잘 살아줘야 하는 게 당연합니다. 그런데 주변에 친구 하나 없이 '인성 쓰레기'라는 소리를 듣는다면 그게 과연 잘 사는 걸까요? 부모의 인생을 자식에게 과도하게 쏟아붓지 마십시오. 좋은 대학이 인생의 전부는 아닙니다. 결국 인생은 '인성'입니다.

0교시 골든타임

"네가 좋은 성품을 가진 사람으로 성장한다면, 그것이 바로 네 인생의 든든한 버팀목이 될 거야."

우리가 아무리 열심히 살아보려 노력해도, 세상은 때로 우리의 바람대로 흘러가지 않을 때가 많지요.

결국, 인생에서 가장 중요한 기본은 바로 성품, 즉 인성입니다. 이는 단순히 예의를 지키는 것을 넘어서, 타인을 이해하고 배려하며, 위기 속에서도 바른 가치판단을 할 수 있는 내공을 의미합니다.

인성을 갖추면, 아무리 힘들고 어려운 상황에도 쉽게 무너지지 않습니다. 어떤 폭풍이 와도 흔들리지 않는 강한 나무처럼 말입니다. 그것이 바로 미래를 밝게 만들어줄 강력한 무기가 됩니다.

4. 장애물이 아닌 길을 보세요

세상에는 우리에게 힘이 되는 말, 행복한 말, 재미있는 말 그리고 성공과 발전을 돕는 말들이 넘쳐납니다. 학생들에게는 효과적인 공부 방법이 소개되고, 요리사들은 맛있는 음식의 레시피를 아낌없이 공개하기도 하죠.

가령, 중식 요리 전문가인 이연복 셰프는 자신의 요리 비법을 공개하며 다음과 같이 말했습니다. "알려줘도 배울 사람만 따라하고, 나머지는 시도조차 하지 않아요." 그는 꾸준한 요리 개발로 성공했지만, 후배들에게 다양한 요리 기법을 전수해도 대부분은 일시적인 결심으로 끝난다고 했습니다. 많은 사람이 중학생 때, 고3 때, 대학 신입생 때와 같은 시점에 자신을 바꾸겠다고 다짐하지만, 이러한 결심은 매년 반복됩니다.

3일마다 새롭게 시작하기

작심삼일의 가장 큰 문제점은 자녀들이 도전을 끝까지 이어가지 못하고 반복적으로 실패한다는 것입니다. 이는 나쁜 습관 형성으로 이어지고, 끈기가 필요한 현대 사회에서 경쟁력을 상실하게 됩니다. 성형외과 의사 맥스웰 몰츠의 연구에 따르면 새로운 습관 형성에는 최소 21일이 필요합니다. 즉, 작심삼일을 일곱 번만 반복해도 작은 습관 하나를 만들 수 있다는 의미입니다.

여기서 중요한 것은 3일마다 실패하라는 것이 아닙니다. 설령 더디더라도 목표 달성을 위해 3일마다 새롭게 시작하자는 것입니다. 이러한 성공 경험이 쌓이면 자기 효능감이 높아지고, 작심삼일이 작심사일, 작심오일로 발전할 수 있습니다. 관건은 포기하지 않는 마음입니다.

그렇다면 왜 자녀들은 작심삼일의 늪에서 벗어나지 못할까요?

첫째, 과도한 물질적 지원으로 인한 나태함입니다. 부모와 주변의 지나친 보살핌으로 절실함이 부족하고, 무조건적인 '좋은 부모' 되기에 매몰되어 자녀에게 필요한 적절한 어려움조차 겪게 하지 않습니다.

둘째, 스스로의 가능성을 제한하는 자기비하입니다. 현재의 학업성적만으로 자신의 가능성을 한정짓는 오류를 범합니다. 학업성적은 전체 능력의 일부일 뿐임을 인식해야 합니다.

셋째, 낮은 회복탄력성과 부정적 결과 예측입니다. 과거의 실패 경험과 과도한 부모의 기대가 맞물려 세상을 부정적으로 바라보게 됩니다.

넷째, 비현실적인 계획 수립입니다. 예를 들어, 학습 습관이 부족한 학생이 갑자기 '미라클 모닝'을 시도하는 것은 무리입니다. SNS에서 본 타인의 방법이 아닌, 개인의 페이스를 고려한 단계적 도전과 내적 동기 부여가 필요합니다.

다섯째, 불안과 조급함에서 비롯된 근시안적 접근입니다. 상위권 학생들이 균형 잡힌 학습 계획을 실천하는 것과 달리, 빠른 성과만을 좇아 기본 개념은 무시한 채 문제 풀이에만 매달리는 것은 오히려 성적 향상을 가로막는 결과를 낳습니다.

작심삼일에서 벗어나는 5가지 방법

첫째, 실현 가능한 목표 설정하기. 우선, 내가 할 수 있는 것부터 시작하는 것이 중요합니다. 완벽함을 추구하기보다 자신이 할 수 있는 것부터 실천하면 성공 확률이 높아집니다. 예를 들어, 성적을 올리고 싶은 과목이 수학이라면, 일단 책상에 앉게 하세요. 그리고 15분만 참습니다. 그다음 교과서와 개념서를 꺼내 각 단원의 개념을 이해하는 것부터 시작하면 됩니다. 이해하기 어렵다면 그냥 읽기라도 하는 것입니다.

둘째, 3일 동안 시도해보기. 실패할까 봐 걱정하지 말고, 딱 3일만 시도해보는 것이지요. 시간 단위로 계획하기보다는 학습 단원으로 계획을 세우는 것이 좋습니다. 그날의 학습 목표량을 3일 동안 완료하는 목표를 세우고, 그 목표를 완수하고 나면 뿌듯함을 느낄 수 있습니다.

셋째, 시간과 장소 정하기. 막연한 계획보다는 일상에서 '습관화 타이밍'을 설정하는 것이 좋습니다. 예를 들어, 기상 후 수학 문제 풀기, 학교 쉬는 시간에 영어 단어 암기 등이 있습니다. '언제 할지'와 '어디서 할지'를 정하면 행동의 실천이 수월해집니다.

넷째, 나를 응원하는 말버릇 만들기. 마음속으로 "내가 할 수 있을까?"라고 부정적인 생각을 하는 대신, "이걸 끝내면 반드시 원하는 것을 얻게 될 거야"라는 응원의 메시지를 반복하세요.

다섯째, 바로 시행하기. 완벽한 준비를 기다리다 보면 시작조차 못하게 되지만, 완벽한 준비는 이 세상에 없습니다. 목표가 생기면 바로 실행에 옮기세요. 무작정 해보는 것이 중요합니다.

장애물 대신 기회를 보는 눈:
접근 동기와 회피 동기

《퓨처 셀프》의 저자 벤저민 하디는 과거에 집중하는 것이 실패와 좌절의 원인이라고 말합니다. 현재의 실패 원인을 과거에서 찾는 것입니다. 예를 들어, "지금 내가 불행한 건 불우한 가정환경 때문이고, 나의 좌절과 불행은 과거의 트라우마 때문이고, 어렸을 때 부모님이 학원만 잘 보내줬다면 이렇게 되지는 않았을 거야"와 같은 생각입니다.

이런 생각들은 아마추어 스키선수가 스키를 타면서 장애물에만 집중하는 것과 같습니다. 국가대표 스키선수들이 장애물을 피하면서도 빠르게 내려갈 수 있는 비결은 무엇일까요? 그들은 장애물이 아닌 '길'을 보기 때문입니다.

심리학에는 '선택적 주의'라는 개념이 있습니다. 선택적 주의란, 주변 환경의 수많은 자극 중에서 중요한 정보만을 선택하고 나머지는 무시하는 현상을 말합니다. 즉, 자신이 보고 싶은 것만 보게 되는 현상입니다. 장애물에 집중하면 장애물만 보이지만, 길에 집중하면 길만 보입니다.

그럼에도 우리는 왜 항상 장애물에만 집중할까요? 이것은 우리의 유전적 특성일 수도 있습니다. 목적론적 관점에 따르면, 인간의 모든 행동에는 목적이 있습니다. 하나는 '쾌락'을 추구하는 것이고, 다른 하나는 '불쾌'를 회피하는 것입니다. 연구에 따르면, 80%의 사람들이 회피나 두려움이 동력이 되어 행동한다고 합니다. 접근이나 용기가 동력이 되어 행동하는 사람은 20% 정도에 불과합니다.

미국 컬럼비아 대학의 심리학자 토리 하긴스는 인간의 동기를 접근과 회피 두 가지 차원으로 설명했습니다. 접근 동기는 무엇인가를 얻기 위해 열심히 일하는 것입니다. "내가 이 일을 하면 재미있겠다"는 생각이 내적 동기를 상승시켜 결과에 따른 즐거움과 기쁨을 유발합니다.

반대로 회피 동기는 좋지 않은 상황에서 벗어나기 위해 열심히 일하는 것입니다. 예를 들어, "내가 이걸 실패하면 사람들한테 놀림거리가 될 거야"라는 생각이 결과에 대한 불안을 증가시킵니다.

이러한 접근-회피 동기는 '자기조절 초점'이라 불리며, 인간의 행동과 정보 처리 방식을 결정짓습니다. 사람들은 상황에 따라 두 동기 사이의 균형을 찾으려 합니다. 접근 동기가 강한 이들은 장기적 관점에서 상황을 파악하는 반면, 회피 동기가 강한 이들은 단기적 정보에 더 민감하게 반응하는 경향을 보입니다.

진짜 경험은 '극복의 역사'에서 온다

요즘 젊은이들 사이에서는 과시적 소비 인증이 유행입니다. 값비싼 음식, 호화로운 휴가, 해외 여행까지. 하지만 이것이 진정한 '경험'일까요?

진짜 경험은 '극복의 역사'에서 옵니다. 작심삼일의 늪에서 빠져나오기 위해 애쓰고, 부딪치고, 이겨내는 과정 그 자체가 바로 값진 경험입니다. 부모를 탓하거나 환경을 비관하는 것은 아무런 도움이 되지 않습니다. 오직 자신과의 싸움에서 이기는 것, 그것만이 성장의 밑거름이 될 수 있습니다.

지금 당장은 힘들고 막막할지 모릅니다. 하지만 포기하지 마세요. 작심삼일을 딛고 일어서는 것, 작심삼일을 작심오일, 작심십일로 늘리는 것, 그것이 여러분이 가야 할 길입니다.

0교시 골든타임

“그래, 조금이라도 꾸준히 해보자. 열심히는 하되 완벽하진 않아도 돼.”

‘열심히는 하자! 하지만 너무 완벽하게 말고 느슨하게 해보는 거야.“

우리는 계획을 세우고 다짐하지만, 종종 그 열정은 오래가지 못합니다. 바로 지나친 욕심 때문이에요. 처음부터 너무 큰 결과를 바라다 보면 금세 지치고 맙니다. 습관을 들이는 일도 마찬가지예요. 성공한 사람들의 좋은 습관도 하루아침에 만들어진 게 아닙니다. 그들 역시 작은 것부터 시작했어요. 매일 조금씩, 꾸준히 실천하다 보니 어느새 그것이 삶의 일부가 된 거죠.

마음을 한결 가볍게 먹어보면 어떨까요? 욕심을 버리고, 할 수 있는 만큼만 해나가는 거예요. 완벽을 추구하기보다는 그럭저럭 해나가는 것에 만족하는 겁니다. 그러다 보면 어느새 적응하고 있는 자신을 발견하게 될 거예요.

우리 아이도 마찬가지일 거예요. 공부든 운동이든, 한 번에 너무 큰 목표를 주기보다는 아이가 할 수 있는 만큼 격려해주세요. 조금 더딜지라도 포기하지 않는다면, 결국 의미 있는 성과를 거둘 수 있으니까요.

5. 감정의 근육을 키워라

부모가 먼저 시작하는 정서 교육

요즘 아이들의 신체 발달이 워낙 좋아 중고등학생만 되어도 성인보다 큰 경우가 많습니다. 육체 성장만큼 정서적 성장이 함께 이루어져야 하는데, 그렇지 못한 경우가 상당수입니다. 부모보다 키는 더 큰데 여전히 초등학생 같은 행동을 하는 아이들을 심심찮게 볼 수 있죠. 이는 정서적 성숙이 뒷받침되지 않았기 때문입니다.

육체의 성장은 눈으로 확인할 수 있기에 쉽게 구분이 됩니다. 반면 '정서적 성숙'은 눈에 보이지 않아 많은 부모가 발달 과정에서 무심코 지나치는 경우가 많습니다. 그렇다면 정서적 성숙이란 무엇일까요? 그리고 왜 중요할까요?

정서적 성숙의 중요성

세계적 심리학자이자 감성지능 개념을 대중화한 다니엘 골먼은 그의 책《감성지능》을 통해 정서적 성숙의 중요성을 역설했습니다. 그에 따르면 IQ 같은 전통적 지능 측정 방식만으로는 개인의 성공 잠재력을 완전히 파악할 수 없으며, 감성지능이 삶의 질과 성공을 결정짓는 결정적 요인이라고 강조합니다.

짐 론에 따르면, 정서적 성숙은 중요한 일과 사소한 일을 구분하는 능력을 키워줍니다. 이를 통해 의미 있는 일에 집중하게 되고, 단순히 많은 일을 해내기보다 가치 있는 일을 우선순위에 두게 된다고 합니다. 결국 일상의 분주함에 휘둘리지 않고 매 순간 현명한 선택을 하며 시간을 낭비하지 않는 삶을 살 수 있다는 것입니다.

한마디로 정서적 성숙이란 일상에서 벌어지는 모든 상황 속에서 자기감정을 잘 다스릴 수 있다는 의미입니다. 나아가 타인과의 관계에서도 공감 능력이 높고, 갈등이 생겼을 때 이를 해결하는 방법을 알고 있다는 뜻이기도 합니다.

정서적 성숙은 문제 해결 능력을 높여 스트레스를 줄이고 삶의 질을 높이는 데 결정적 역할을 합니다. 그러나 요즘 아이들은 정서적으로 덜 성숙해 사춘기 이후 대인관계 문제로 갈등을 겪고, 이로 인해 심리적 불안을 호소하는 경우가 많습니다. 이른바 '정서불안'인데요. 정서불안은 단순히 "기분이 나쁘다"는 차원을 넘어섭니다. 불안감이 지속되면 집중력이 떨어지고 일상생활에 지장을 줄 뿐만 아니라, 대인관계에서 소통과 유대감 형성에도 큰 걸림돌이 됩니다. 실제로 정서불안으로 고민하는 청소년들은 친구들과 어울리는 것 자체를 두려워하고, 심할 경우 학교생활에 적응하지 못해 또래관계에서 고립되는 경우도 있습니다. 이는 성인이 되어서도 사회생활과 직장 내 인간관계에 부정적 영향을 미칩니다.

자녀의 정서적 성숙을 높이는 6가지 방법

그렇다면 우리 아이의 정서적 성숙도를 높이려면 어떻게 해야 할까요? 지금부터 소개해 드리는 6가지 방법을 꼭 기억하세요!

첫째, 자기감정을 인식하도록 하는 것입니다. 자녀가 친구들과 다투면서 말싸움을 하거나 심한 경우 치고받고 할 수도 있습니다. 그런데 어떤 상황이 이런 감정을 불러일으켰는지를 먼저 알아야 합니다. 친구가 무심코 던진 말 한마디에 생긴 짜증이 무의식 속에서 스며 나와 종일 마음에 걸려 분노로 발전했을 수 있습니다.

이런 경우 '감정일기'가 도움이 됩니다. 형식에 구애받지 않고, "오늘 친구의 걱정이 왜 나를 화나게 했을까?", "내가 평소에 어떤 모습을 보여서 그런 걱정을 하게 된 걸까?" 등 구체적이고 솔직하게 적어보세요. 이는 감정의 원인을 객관적으로 바라보고, 내면의 생각을 정리하는 데 효과적입니다. 글로 표현하는 과정 자체가 감정을 다스리고 감정을 건강하게 발산하는 통로가 됩니다.

둘째, 잘못을 인정하고 책임지는 태도를 길러주세요. 아이들은 성장하면서 누군가의 지적을 받아들이고 자신의 실수를 인정하길 꺼립니다. 하지만 부모는 잘못을 인정하고 책임지는 것이 얼마나 멋지고 대단한 일인지 알려줘야 합니다. 우리는 늘 실수하고, 아이들은 더욱 그렇습니다. 친구나 주변 사람들과의 관계에서 자신의 잘못을 인정하고 책임질 줄 알아야 합니다. 이 과정에서 아이는 실수를 통해 배우고 내면의 힘을 강화합니다.

셋째, 부모 스스로 정서적 성숙의 본보기가 되어야 합니다. 아이들이 감정을 통제하지 못하고 즉각적으로 반응하는 것은 어찌 보면 당연합니다. 아이 입장에서도 이것은 고민거리입니다.

이럴 때 부모가 정서적으로 성숙한 사고와 언행을 보여준다면, 아이는 같은 상황에서 부모를 떠올리며 "엄마, 아빠라면 어떻게 할까?"라고 생각하게 될 것입니다. 부모의 정서적 성숙은 아이에게 본으로 잘 전달되고, 그러한 환경에서 자란 아이는 대체로 건강하고 올바르게 성장합니다.

넷째, 삶의 고통을 이해하고 받아들이는 법을 가르쳐주세요. 우리 아이들은 성장하며 학업 스트레스는 물론 인지 발달 과정에서 좌절을 맛봅니다.

살면서 누군가로부터 "네가 그걸 한다고 될까?", "너 같은 애는 처음 봐" 같은 말을 들으면 크게 상심합니다. 이런 말을 들은 아이는 자기 결점이 크게 보여 부정적 사고에 빠지고, 새로운 시도조차 꺼리게 됩니다. 이때 부모는 "이건 아주 사소한 거야. 그런 말 하는 사람에겐 신경 쓰지 마" 하고 위로해줘야 합니다. 그렇지 않으면 부정적 사고가 늪처럼 아이를 잡아먹고, 결국 정신의 습관이 되어버립니다. 과거에 얽매이거나 다가오지 않은 미래를 걱정하는 건 현실에 쏟아야 할 에너지를 낭비하는 일이라고 일깨워주어야 합니다.

정서적 성숙, 자신을 사랑하는 것에서 시작된다

다섯째, 넓은 시야와 열린 마음을 갖도록 이끌어주세요. 정서적으로 성숙해 가는 아이들은 세상사에 정답이 없음을 압니다. 그래서 자기 관점으로만 세상을 보지 않고 열린 자세로 받아들이죠.

친구들과 대화하다 보면 자기주장이 강한 아이가 있습니다. 하지만 정서적으로 성숙한 아이는 그 친구와 같은 방식으로 맞서기보다는 끝까지 경청합니다. 즉각적 판단이나 반응 대신 상대 입장에서 바라보려 합니다. 이렇듯 사소한 일에서부터 폭넓은 관점을 갖는 습관을 들인다면, 남의 시각에서 생각하는 법과 그 과정에서 배우는 법을 터득하게 됩니다.

여섯째, 현실을 직시하고 받아들이는 힘을 길러주세요. 아이들은 어른들이 알아채지 못하는 걱정거리를 가지고 자책하곤 합니다. "선생님은 왜 나에게 질문 기회를 주지 않지?", "내가 내 성적이라 남들이 날 바보로 여기는 게 아닐까?" 같은 생각 말이에요. 부모는 아이가 이런 망상에 사로잡혀 있을 때 그 마음을 알아주고 따뜻하게 감싸줘야 합니다. 내면의 상처와 아픔을 끄집어내 보듬어줄 필요가 있어요.

인생의 굴곡마다 우리는 정서적으로 한층 더 성숙해집니다. 아이들의 학업 스트레스, 친구와의 갈등 같은 고민거리들은 결국 우리의 내면을 단단하게 하는 자양분이 됩니다. 위기의 순간마다 주저앉지 않고 슬기롭게 대처하는 방법을 깨우치게 되고, 진정한 나를 만나게 됩니다. 상처와 아픔이 주는 깨달음을 통해 우리는 조금씩 성장합니다.

인생의 고비마다 좌절하기보다는, 그 속에서 더 강인해지는 자신을 느껴보세요. 이 모든 과정이 결국 내가 주인공으로 우뚝 설 인생 역정의 디딤돌이 될 테니까요. 지금의 혼란스러운 시기야말로 가장 값진 성장통이 될 것입니다. 자녀가 이를 딛고 한 걸음 더 성장해 있으리라 기대합니다.

0교시 골든타임

"정서적으로 성숙한 사람은 늘 자신의 감정을 관찰하며 원하는 감정은 받아들이고, 원하지 않은 감정은 과감하게 버림으로써 감정의 주도권을 잡습니다."

우리 마음속에는 다양한 감정들이 흐릅니다. 기쁨, 슬픔, 분노, 불안…. 하지만 안타깝게도 우리는 이런 감정을 다스리는 법을 배우지 못했어요. 학교에서는 마음을 이해하고 돌보는 교육이 부족하니까요.

원하지 않는 감정이 생기면 피하고 싶어 하는 게 인지상정입니다. 하지만 정서적으로 성숙한 사람은 달라요. 그들은 자신의 감정을 있는 그대로 바라봅니다. 내 안에 떠오른 감정을 탓하거나 부정하지 않아요. 그저 그것을 온전히 느끼고 받아들이죠.

그러면서도 내 삶에 도움이 되지 않는 감정은 기꺼이 놓아줍니다. 원치 않는 감정에 휘둘리지 않고, 내가 선택한 감정을 따라 살아가는 거예요. 결국 자신의 감정을 알아차리고 다스릴 줄 아는 것, 그것이 정서적 성숙함의 척도가 아닐까요?

우리 아이에게도 감정을 잘 다루는 법을 가르쳐주고 싶습니다. 기쁨도 슬픔도, 불안함도 모두 느낄 수 있다고 말해주세요. 감정을 피하기보다 온전히 받아들이는 용기를 북돋아주세요. 그리고 스스로 감정을 선택할 수 있는 힘을 길러주세요. 원치 않는 감정에 휩쓸리지 않고, 내가 원하는 감정을 따라갈 수 있도록 지지해주시길 바랍니다.

나가는 글

완벽한 부모는 없다,
오직 성장하는 부모만 있을 뿐

《완벽한 아이 팔아요》는 2017년 미카엘 에스코피에가 쓴 그림책입니다. 주인공 뒤프레 부부는 '아이마트'라는 대형 마트에 가게 됩니다. 입구에는 "우리나라 1등 아이 할인점"이라는 문구가 붙어 있고, 주차장에는 "쌍둥이 특가 세일"과 같은 광고가 있습니다. 이곳에는 음악 특기생, 타고난 천재 등 다양한 아이 모델이 있지만, 부부가 원한 것은 오직 "완벽한 아이"였습니다.

그들이 마지막으로 남은 완벽한 아이 모델을 받아들자, 아이는 "바티스트입니다"라고 정중히 대답합니다. 의젓한 바티스트에 반한 부부는 그를 집으로 데려옵니다. 바티스트는 반찬 투정도 없고, 혼자 잘 놀며, 언제나 예의 바르고, 학교에서도 모든 과목을 잘하는 완벽한 아이입니다.

어느 날, 바티스트는 부모를 깨우고 학교 축제에 가야 한다고 말합니다. 부모가 허겁지겁 준비를 하여 그를 축제에 보냈는데 알고 보니 축제는 다음 주였습니다. 바티스트는 친구들에게 놀림을 당하고 집에 돌아와 부모에게 화를 냅니다. 뒤프레 부부는 아이의 마음을 이해하기보다 아이마트로 가서 "왜 이렇게 됐는지 이해가 안 간다"고 말합니다. 점원이 바티스트에게 새 가족이 마음에 드는지 묻자, 바티스트는 "혹시 저한테도 완벽한 부모님을 찾아주실 수 있나요?"라고 되묻습니다.

완벽한 아이를 바라는 부모들의 허상

지금 이 글을 읽는 부모님들은 왜 그렇게 열심히 살고 계신가요? 아마도 "자식 때문"이라고 답하실 겁니다. 부모가 살아가는 이유가 자식 때문이라는 생각은 자연스러운 대답이지만, 이로 인해 잘못된 인생 목적지를 설정하고 그릇된 방법으로 아이를 몰아간다면 오히려 자식의 앞길을 망칠 수 있습니다.

자녀가 세상에 처음 나오기 전, 두 손 모아 "건강하게만 태어나길" 기도하셨죠? 그러나 아이가 성장하면서 부모는 어느새 '욕심쟁이'가 되어 있습니다. "내가 직장맘인데 혼자서도 잘 놀았으면 좋겠고," "내가 바쁜데 알아서 숙제 좀 했으면 하고," "내가 이렇게 돈을 투자하는데 공부 좀 잘했으면 좋겠고," "내가 만든 음식을 투정 없이 먹었으면 좋겠어." 이러한 요구는 부모에게서 흔히 볼 수 있는 모습입니다.

문제는 부모 자신도 완벽하지 않으면서 자녀에게는 완벽함을 바란다는 점입니다. 많은 부모는 아이가 저항하지 않으면 그걸 온전히 수용했다고 착각합니다. 특히 대한민국 부모들은 아이의 의사를 묻지 않고 가르치는 것을 선호합니다.

부모가 자식에게 물려줄 수 있는 최고의 것은 무엇일까요? 훌륭한 유전자나 경제적 여유, 좋은 생활 습관과 좋은 학교도 중요하지만, 가장 강력한 것은 부모와 자녀 간의 깊은 이해와 공감을 의미하는 '건강한 정신적 공유'입니다. 이는 부모가 자신의 삶을 자식에게 보여주고 그 속에서 건강한 정신적 교감을 나누는 것을 말합니다. 자식은 부모의 삶을 가까이에서 보며 건강한 인격체로 자라게 됩니다.

현명한 부모되기:
완벽함을 내려놓는 5가지 지혜

부모가 지금 당장 실천할 수 있는, 현실적인 "완벽한 부모가 되는 5가지 방법"에 대해 알아보겠습니다.

첫째, 인생의 바른길을 알려주는 부모가 되어야 합니다. 의사 부모 밑에서 자란 아이는 자연스레 의사가 꿈이 되고, 법조인 부모 밑에서 자란 아이는 판사나 변호사가 되길 희망합니다. 엄마가 선생님이면 딸의 꿈도 선생님이 되는 경우가 많죠. 중요한 건, 남들이 말하는 멋진 직업이 아니라 성실하고 부끄럽지 않게 최선을 다하는 부모의 모습 그 자체입니다.

둘째, 건강한 부모의 삶과 철학을 공유하는 것이 중요합니다. 가수 아이유의 어머니는 보육원 운영을 꿈꿨고, 아이유는 어릴 적부터 그 꿈을 보며 자랐습니다. 아이유는 어머니의 모습이 자랑스럽다고 밝혔습니다.

"집에 빚이 많아요. 하지만 어머니는 제가 번 돈으로 빚을 갚지 않으세요. 여전히 작은 사업체를 운영하며 스스로 빚을 갚고 보육원 운영의 꿈을 키우고 계세요. 그런 어머니의 모습이 정말 자랑스럽습니다." 아이유가 억대의 기부를 시작한 것도 이러한 어머니의 삶과 철학 덕분입니다. 부모는 자신의 삶을 자식에게 보여줄 수 있을 만큼 성실하고 겸손하게 살아가는 것을 고민해야 합니다.

셋째, 부모가 좋은 사람들과 함께해야 합니다. 부모가 좋은 사람들과 함께하지 못하면 자녀의 사회적 관계에도 부정적인 영향을 미칠 수 있습니다. 부모가 안 좋은 사람들과 어울리면 자녀는 불량하거나 무질서한 태도를 배우게 되고, 건강한 인간관계를 맺는 방법을 익히지 못할 수 있습니다. 부모의 인간관계는 자녀에게 그대로 투영되며, 자녀의 정신적 성장을 크게 좌우합니다. 따라서 현재 부모가 그런 사람들과 관계를 맺고 있다면, 자녀와 자신을 위해 관계를 정리할 필요가 있습니다.

넷째, 부모의 완벽한 경제적 독립이 필요합니다. 부모가 경제적으로 완벽한 독립을 하게 되면 부모와 자식 간의 관계 개선에 도움이 됩니다. 부모가 자식에게 경제적으로 의존하지 않으면 부모와 자식 간의 갈등을 줄이고 서로에 대한 존중을 높일 수 있다는 연구결과가 있습니다. 또한, 부모가 독립적일수록 자녀는 자신의 삶을 주도적으로 설계하고 결정을 내리는 데 더 큰 자유를 누릴 수 있습니다.

다섯째, 우리 집만의 가족문화를 만들어야 합니다. 가족문화는 의도적으로 만들지 않아도 저절로 형성되지만, 부모가 노력하지 않으면 원하지 않는 방향으로 흘러갈 수 있습니다. 예를 들어, 공부는 잘하지만 예의가 없거나 이기적인 행동을 하는 자녀가 성장할 수 있습니다.

가족문화를 긍정적으로 이끌기 위해 부모가 먼저 나서야 합니다. 우리 가족에서 우선시하는 것들을 5가지 정도 정하고, 이를 지키기 위해 가족 모두가 지속적으로 노력해야 합니다.

"완성되어 가는 아이"로 대해주세요

세상에 부모가 꿈꾸는 완벽한 아이는 없습니다. 아이가 꿈꾸는 완벽한 부모도 마찬가지죠. 아이를 키우다 보면 웃음과 눈물이

교차하는 순간이 많습니다. 어느 날은 한없이 사랑스럽던 아이가 순간 악마처럼 변하기도 하고, 또 다른 날에는 부모 품에 안겨 세상에서 가장 사랑스럽게 굴죠. 내 아이가 너무 사랑스러워서 기대치가 높아질 때가 있습니다. 때로는 이런 기대가 아이에게 '완벽한 아이'라는 부담으로 작용하기도 하고, 부모가 본의 아니게 아이에게 화를 내게 만들기도 합니다.

하지만 이제부터는 아이를 '완벽한 아이'가 아닌 '완성되어 가는 아이'로 바라봐주세요. 아이는 성장의 과정에서 스스로를 완성해가는 존재입니다. 그 여정을 사랑과 이해로 함께하며 지켜봐주는 것이 부모로서 할 수 있는 가장 중요한 역할입니다. 세상 무엇과도 바꿀 수 없는 소중한 내 아이를, 있는 그대로 인정하고 응원하는 것이야말로 진정한 부모의 모습입니다.

0교시 골든타임

"자녀 교육에서 가장 경계해야 할 것이 있습니다. 바로 '완벽한 부모'가 되어 모든 것을 희생하려는 시도입니다."

누구나 좋은 부모가 되고 싶어 합니다. 모든 것을 희생하며 완벽을 추구하곤 하죠. 하지만 과연 이것이 올바른 양육의 길일까요? 정말 아이를 위한 선택일까요?

완벽한 부모가 되려는 강박에서 벗어나야 합니다. 부모 역시 한 인간인데, 어떻게 완벽할 수 있겠습니까? 이런 비현실적 기대는 오히려 양육의 짐만 무겁게 할 뿐입니다. 실수하고 불완전해도 괜찮습니다. 우리 모두는 부모라는 역할을 처음 맡아보는 초보자이기 때문입니다.

부모의 노력과 사랑은 분명 필요합니다. 하지만 이를 '희생'이라는 무거운 이름으로 포장하지 맙시다. 때로는 그저 조용히 곁에서 지켜보는 것으로 충분합니다. 아이가 스스로 부모의 사랑을 느낄 수 있도록, 말없는 응원을 보내주세요.

우리에게 필요한 것은 그저 최선을 다해 부모로서의 책임을 다하는 것입니다. 아이가 우리에게 준 최고의 행복이라는 사실을 잊지 맙시다. 완벽하지 않은 우리의 모습 그대로, 이 모든 순간이 의미 있다는 것을 기억하세요. 우리가 최고의 부모라는 것을, 아이들은 이미 알고 있을 것입니다. 그런 아이들 앞에서, 오늘도 성장하는 부모로 한 걸음을 내딛겠습니다.

완벽한 부모가 아이를 망친다

초판 1쇄 발행 | 2024년 12월 12일
초판 3쇄 발행 | 2025년 1월 17일

지은이 | 김성곤

펴낸이 | 김윤정
펴낸곳 | 글의온도
출판등록 | 2021년 1월 26일(제2021-000050호)
주소 | 서울시 종로구 삼봉로 81, 442호
전화 | 02-739-8950
팩스 | 02-739-8951
메일 | ondopubl@naver.com
인스타그램 | @ondopubl

ISBN 979-11-92005-59-1 (03590)